高等职业院校学生专业技能抽查标准与题库丛书

工程测量技术

喻艳梅　唐保华　向继平　等编著

湖南大学出版社

内 容 简 介

本书包括控制测量、地形地籍测绘、工程测量、工程测量监理四个技能模块，以真实的测绘项目为载体，以任务为导向，按测绘项目的作业流程设计了控制测量的技术设计、控制测量外业、控制测量平差计算、测绘数据采集与编辑、数据管理（入库与维护）、工程图识读、工程施工放样等技能点，明确了各抽测项目的技能要求，以相应的测量规范为依据，明确了各抽测项目的职业素养要求，设计了相应的评价标准，评价标准既关注学生的操作技能，又关注职业素养和操作规范。以抽查标准为依据，组建了约 200 道题目的专业技能抽查题库。

图书在版编目（CIP）数据

工程测量技术/喻艳梅，唐保华，向继平等编著. —长沙：湖南大学出版社，2015.6（2018.8 重印）

（高等职业院校学生专业技能抽查标准与题库丛书）

ISBN 978 - 7 - 5667 - 0887 - 8

Ⅰ.①工… Ⅱ.①喻… ②唐… ③向… Ⅲ.①工程测量—高等职业教育—教材 Ⅳ.①TB22

中国版本图书馆 CIP 数据核字（2015）第 147814 号

高等职业院校学生专业技能抽查标准与题库丛书

工程测量技术
GONGCHENG CELIANG JISHU

编　　著：	喻艳梅　唐保华　向继平　等	
责任编辑：	罗素蓉　尚楠欣	
印　　装：	长沙宇航印刷有限责任公司	
开　　本：	787×1092　16 开　**印张**：10.75　**字数**：282 千	
版　　次：	2015 年 8 月第 1 版　**印次**：2018 年 8 月第 2 次印刷	
书　　号：	ISBN 978 - 7 - 5667 - 0887 - 8	
定　　价：	32.00 元	

出 版 人：雷　鸣
出版发行：湖南大学出版社
社　　址：湖南·长沙·岳麓山　　　　邮　　编：410082
电　　话：0731 - 88822559(发行部),88649　(编辑室),88821006(出版部)
传　　真：0731 - 88649312(发行部),88822264(总编室)
网　　址：http://www.hnupress.com
电子邮箱：press　　@hnu.edu.cn

高等职业院校学生专业技能抽查标准与题库丛书

编 委 会

总　序

　　当前,我国已进入深化改革开放、转变发展方式、全面建设小康社会的攻坚时期。加快经济结构战略性调整,促进产业优化升级,任务重大而艰巨。要完成好这一重任,不可忽视的一个方面,就是要大力建设与产业发展实际需求及趋势要求相衔接、高质量有特色的职业教育体系,特别是大力加强职业教育基础能力建设,切实抓好职业教育人才培养质量工作。

　　提升职业教育人才培养质量,建立健全质量保障体系,加强质量监控监管是关键。这就首先要解决"谁来监控"、"监控什么"的问题。传统意义上的人才培养质量监控,一般以学校内部为主,行业、企业以及政府的参与度不够,难以保证评价的真实性、科学性与客观性。而就当前情况而言,只有建立起政府、行业(企业)、职业院校多方参与的职业教育综合评价体系,才能真正发挥人才培养质量评价的杠杆和促进作用。为此,自2010年以来,湖南职教界以全省优势产业、支柱产业、基础产业、特色产业特别是战略性新兴产业人才需求为导向,在省级教育行政部门统筹下,由具备条件的高等职业院校牵头,组织行业和知名企业参与,每年随机选取抽查专业、随机抽查一定比例的学生。抽查结束后,将结果向全社会公布,并与学校专业建设水平评估结合。对抽查合格率低的专业,实行黄牌警告,直至停止招生。这就使得"南郭先生"难以再在职业院校"吹竽",从而倒逼职业院校调整人、财、物力投向,更多地关注内涵和提升质量。

　　要保证专业技能抽查的客观性与有效性,前提是要制订出一套科学合理的专业技能抽查标准与题库。既为学生专业技能抽查提供依据,同时又可引领相关专业的教学改革,使之成为行业、企业与职业院校开展校企合作、对接融合的重要纽带。因此,我们在设计标准、开发题库时,除要考虑标准的普适性,使之能抽查到本专业完成基本教学任务所应掌握的通用的、基本的核心技能,保证将行业、企业的基本需求融入标准之外,更要使抽查标准较好地反映产业发展的新技术、新工艺、新要求,有效对接区域产业与行业发展。

　　湖南职教界近年探索建立的学生专业技能抽查制度,是加强职业教育质量监管,促进职业院校大面积提升人才培养水平的有益尝试,为湖南实施全面、客观、科学的职业教育综合评价迈出了可喜的一步,必将引导和激励职业院校进一步明确技能型人才培养的专业定位和岗位指向,深化教育教学改革,逐步构建起以职业能力为核心的课程体系,强化专业实践教学,更加注重职业素养与职业技能的培养。我也相信,只要我们坚持把这项工作不断完善和落实,全省职业教育人才培养质量提升可期,湖南产业发展的竞争活力也必将随之更加强劲!

　　是为序。

郭开朗

2011年10月10日于长沙

目　次

第一部分　工程测量技术专业专业技能抽查标准

第二部分　工程测量技术专业技能抽查题库

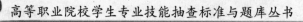

第一部分 工程测量技术专业
技能抽查标准

一、适用专业与对象

1. 适用专业

本标准适用于湖南省高等职业院校目前开设的工程测量技术(540601)和工程测量监理(540602)专业。

2. 适用对象

高等职业院校三年一期全日制在籍学生。

二、基本技能要求

本标准依毕业生就业的主要岗位(测图员、控制测量员和工程施工测量员、工程测量监理员),共设置控制测量、地形地籍测绘、工程测量、工程测量监理四个技能模块。其中控制测量和地形地籍测绘两个模块为公共模块,为各工程测量技术专业必须掌握的模块;工程测量模块各校可根据自己的办学背景提出参加其中的两个项目;工程测量监理模块为工程测量监理专业必须掌握的技能模块。

模块一 控制测量

控制测量是各项测量工作的基础,控制测量模块包括高程控制测量、平面控制测量和GNSS控制测量三个技能项目,主要检验学生对运用水准仪、全站仪和GPS接收机进行平面控制测量和高程控制测量的基本技能和方法的掌握情况。按照建立控制网的作业流程,从技术设计、外业观测到内业计算的过程来设计技能要点。

本模块包括14个技能要点,具体如下:

1. 高程控制网技术设计 编号:J-1-1

基本要求:

【技能要求】熟悉工程测量规范、城市测量规范及相应技术标准;能正确识读地形图;熟悉高程控制网技术设计的内容及步骤,熟练掌握高程控制网图上设计的程序和方法,根据提供的资料合理设计高程控制网,编制技术设计方案。

【素养要求】符合控制测量员的基本素养要求,具备安全生产常识和质量意识,富有团结协作精神,工作精益求精;具有良好的工作习惯,作业前仔细清点所需的资料、材料和辅助工具;作业思路清晰、程序准确、操作得当,能正确处置现场出现的异常情况;严格遵守考场纪律,能正确处理好与监考老师的关系。

2. 平面控制网技术设计 编号:J-1-2

基本要求:

【技能要求】熟悉工程测量规范、城市测量规范和GPS测量规范及相关的技术标准;能正确识读地形图;熟悉导线控制网和GPS控制网技术设计的内容及步骤,熟练掌握平面控制网图上设计的程序和方法,根据提供的资料合理设计平面控制网,编制技术设计方案。

【素养要求】符合控制测量员的基本素养要求,具备安全生产常识和质量意识,富有团结协作精神,工作精益求精;具有良好的工作习惯,作业前仔细清点所需的资料、材料和辅助工具;作业思路清晰、程序准确、操作得当,能正确处置现场出现的异常情况;严格遵守考场纪律,能正确处理好与监考老师的关系。

3. 五等水准测量外业观测 编号:J-1-3

基本要求:

【技能要求】能正确而熟练地操作 DS₃ 水准仪;读数准确且无反复、记录符合规范要求;测站限差符合五等水准测量规范要求、计算方法正确、数据符合精度要求、误差处理得当;按五等水准测量规范要求完成给定路线的观测工作,并进行测段成果整理。

【素养要求】符合控制测量员的基本素养要求,体现良好的工作习惯,吃苦耐劳,团队协作好;科学严谨,不弄虚作假;测试完毕后应做必要的场地清理和归位工作,不损坏考试仪器及设施;能正确处理好与监考老师的关系;安全生产,文明生产,具有良好的安全意识和质量意识。

4. 三、四等水准测量外业观测 编号:J-1-4

基本要求:

【技能要求】能正确而熟练地操作 DS₃ 水准仪;读数准确且无反复、记录符合规范要求;测站限差符合国家三、四等水准测量规范要求、计算方法正确、数据符合精度要求、误差处理得当;按三、四等水准测量规范要求完成给定路线的观测工作,并进行测段成果整理。

【素养要求】符合控制测量员的基本素养要求,体现良好的工作习惯,吃苦耐劳,团队协作好;科学严谨,不弄虚作假;测试完毕后应做必要的场地清理和归位工作,不损坏考试仪器及设施;能正确处理好与监考老师的关系;安全生产,文明生产,具有良好的安全意识和质量意识。

5. 三角高程测量外业观测 编号:J-1-5

基本要求:

【技能要求】能正确而熟练地操作全站仪测量垂直角、距离,量取仪器高和棱镜高,读数准确且无反复、记录符合规范要求;测站限差符合规范要求、计算方法正确、数据符合精度要求、误差处理得当;正确而熟练地按设计要求完成相应三角高程导线和独立交会高程的观测工作。

【素养要求】符合控制测量员的基本素养要求,体现良好的工作习惯,吃苦耐劳,团队协作好;科学严谨,不弄虚作假;测试完毕后应做必要的场地清理和归位工作,不损坏考试仪器及设施;能正确处理好与监考老师的关系;安全生产,文明生产,具有良好的安全意识和质量意识。

6. 二等水准测量外业观测 编号:J-1-6

基本要求:

【技能要求】能正确而熟练地操作精密水准仪和电子水准仪;读数准确且无反复、记录符合规范要求;熟悉国家一、二等水准测量规范,能按二等水准测量规范要求完成规定线路的观测工作,计算方法正确、数据符合精度要求、误差处理得当。

【素养要求】符合控制测量员的基本素养要求,体现良好的工作习惯,吃苦耐劳,团队协作好;科学严谨,不弄虚作假;测试完毕后应做必要的场地清理和归位工作,不损坏考试仪器及设施;能正确处理好与监考老师的关系;安全生产,文明生产,具有良好的安全意识和质量意识。

7. 平面控制测量(导线)外业观测　编号：J-1-7

基本要求：

【技能要求】熟悉工程测量规范和城市测量规范相关技术标准；能正确操作全站仪，读数准确干脆，记录规范，按要求完成规定导线的外业观测工作，测站限差符合要求，超限成果处理合乎规范要求。

【素养要求】符合控制测量员的基本素养要求，具备安全生产常识和质量意识，富有团结协作精神，工作精益求精；具有良好的工作习惯，作业前仔细清点所需的资料、仪器、材料和辅助工具；作业思路清晰、程序准确、操作得当，能正确处理现场出现的异常情况；外业记录资料字迹工整、格式规范；不损坏考试仪器及设施；测试完毕后做好必要的场地清理和归位工作；严格遵守考场纪律，能正确处理好与监考老师的关系。

8. GNSS 控制测量数据采集　编号：J-1-8

基本要求：

【技能要求】熟悉 GPS 测量规范及相关的技术标准，能正确使用 GPS 接收机，测站设置正确、记录符合规范要求；会正确下载观测数据并进行预处理。

【素养要求】符合控制测量员的基本素养要求，体现良好的工作习惯，吃苦耐劳，团队协作好；科学严谨，不弄虚作假；测试完毕后应做必要的场地清理和归位工作，不损坏考试仪器及设施；能正确处理好与监考老师的关系；安全生产，文明生产，具有良好的安全意识和质量意识。

9. 水准测量近似平差计算　编号：J-1-9

基本要求：

【技能要求】能正确而熟练地完成五等水准观测成果的平差计算，误差处理得当、求出待测站的高程，并进行相应的精度评定。

【素养要求】符合控制测量员的基本素养要求，体现良好的工作习惯，吃苦耐劳，团队协作好；科学严谨，不弄虚作假；测试完毕后应做必要的场地清理和归位工作；能正确处理好与监考老师的关系；安全生产，文明生产，具有良好的安全意识和质量意识。

10. 三角高程测量内业计算　编号：J-1-10

基本要求：

【技能要求】能正确而熟练地使用所提供的外业观测数据，计算方法正确、误差处理得当；正确而熟练地计算出各待求点的高程。

【素养要求】符合控制测量员的基本素养要求，体现良好的工作习惯，吃苦耐劳，团队协作好；科学严谨，不弄虚作假；测试完毕后应做必要的场地清理和归位工作，不损坏考试设施及资料；能正确处理好与监考老师的关系；安全生产，文明生产，具有良好的安全意识和质量意识。

11. 二等水准测量内业计算　编号：J-1-11

基本要求：

【技能要求】能正确而熟练地进行完成二等水准观测成果的平差计算，误差处理得当、求出待测站的高程，并进行相应的精度评定。

【素养要求】符合控制测量员的基本素养要求，体现良好的工作习惯，吃苦耐劳，团队协作好；科学严谨，不弄虚作假；测试完毕后应做必要的场地清理和归位工作；能正确处理好与监考老师的关系;安全生产,文明生产,具有良好的安全意识和质量意识。

12. 平面控制(导线)测量内业计算 编号:J-1-12

基本要求:

【技能要求】熟悉相关测量规范;掌握导线(网)内业计算的方法和步骤,熟悉数字取位要求及平差成果和精度评定包含的项目,能独立完成导线测量数据处理工作。

【素养要求】符合控制测量员的基本素养要求,具备安全生产常识和质量意识,富有团结协作精神,工作精益求精;具有良好的工作习惯,作业前仔细清点所需的资料、材料和辅助工具;作业思路清晰、程序准确、操作得当,能正确处理现场出现的异常情况;计算资料字迹工整、格式规范;测试完毕后做好必要的场地清理和归位工作;严格遵守考场纪律,能正确处理好与监考老师的关系。

13. GNSS 控制网平差计算 编号:J-1-13

基本要求:

【技能要求】熟悉 GPS 测量规范及相关的技术标准,能使用商业 GPS 处理软件完成提供的外业数据的网平差处理,判断成果精度,输出平差报告。

【素养要求】符合控制测量员的基本素养要求,体现良好的工作习惯,吃苦耐劳,团队协作好;科学严谨,不弄虚作假;测试完毕后应做必要的场地清理和归位工作,不损坏考试仪器及设施;能正确处理好与监考老师的关系;安全生产,文明生产,具有良好的安全意识和质量意识。

模块二 地形地籍测绘

地形地籍测绘是为工程建设和土地管理等领域提供地形图、地籍图等基础图件的测量工作。主要检验学生运用全站仪、RTK 等仪器和相关软件进行地形、地籍测绘数据采集、数据下载、软件绘图、图件入库等基本技能和方法。

本模块共包括 10 个技能要点,具体如下:

1. 全站仪数据输入与编辑操作 编号:J-2-1

基本要求:

【技能要求】熟悉全站仪的菜单功能,能正确完成全站仪数据采集相关功能操作;对数据进行查询、编辑等工作。

【素养要求】符合地形测量员和地籍测量员的基本素养要求,体现良好的工作习惯,吃苦耐劳,团队协作好;科学求实,不弄虚作假;测试完毕后应做必要的场地清理和归位工作,不损坏考试仪器及设施;能正确处理好与监考老师的关系;安全生产,文明生产,具有良好的安全意识和质量意识。

2. 全站仪数据采集 编号:J-2-2

基本要求:

【技能要求】给定测站点坐标和定向点及定向检查点坐标,能正确完成全站仪数据采集相关功能操作;能灵活使用偏心测量、后方交会等方法测量碎部点,能按规范要求选择碎部点;能综合采用多种方法测定碎部点;能用测记法记录绘图信息。

【素养要求】符合地形测量员和地籍测量员的基本素养要求,体现良好的工作习惯,吃苦耐劳,团队协作好;科学求实,不弄虚作假;测试完毕后应做必要的场地清理和归位工作,不损坏考试仪器及设施;能正确处理好与监考老师的关系;安全生产,文明生产,具有良好的安全意识和质量意识。

3. RTK 数据输入与编辑　编号：J-2-3

基本要求：

【技能要求】熟悉 RTK 的连接，能正确完成 RTK 数据采集相关功能操作；能正确求解转换参数，进行校正，能对数据进行查询、编辑及输出等工作。

【素养要求】符合地形测量员和地籍测量员的基本素养要求，体现良好的工作习惯，吃苦耐劳，团队协作好；科学求实，不弄虚作假；测试完毕后应做必要的场地清理和归位工作，不损坏考试仪器及设施；能正确处理好与监考老师的关系；安全生产，文明生产，具有良好的安全意识和质量意识。

4. RTK 数据采集　编号：J-2-4

基本要求：

【技能要求】能正确完成 RTK 数据采集相关功能操作；能按规范要求选择碎部点；能综合采用多种方法测定碎部点；能用测记法或编码法记录绘图信息。

【素养要求】符合地形测量员、地籍测量员的基本素养要求，体现良好的工作习惯，吃苦耐劳，团队协作好；科学求实，不弄虚作假；测试完毕后应做必要的场地清理和归位工作，不损坏考试仪器及设施；能正确处理好与监考老师的关系；安全生产，文明生产，具有良好的安全意识和质量意识。

5. 地形地籍软件绘图　编号：J-2-5

基本要求：

【技能要求】熟悉绘图软件系统界面；能较为熟练地使用数字成图软件绘制地形图和地籍图、宗地图，操作指令正确，符号运用正确。

【素养要求】有良好的学习态度和严谨的学习作风，耐心细致、图件清晰、美观；能正确处理好与监考老师的关系；具有良好的安全意识和质量意识。

6. 图形整饰输出　编号：J-2-6

基本要求：

【技能要求】能熟悉软件系统界面；能较为熟练地使用数字成图软件完成图幅的分幅、拼接及图形输出等工作任务，操作指令正确。

【素养要求】有良好的学习态度和严谨的学习作风，耐心细致，输出图件清晰、美观；能正确处理好与监考老师的关系；具有良好的安全意识和质量意识。

7. 地形地籍软件工程应用　编号：J-2-7

基本要求：

【技能要求】能熟练用地形地籍软件完成坐标查询、面积计算、数据文件合并及分幅、土方计算等。

【素养要求】有良好的学习态度和严谨的学习作风，耐心细致，输出图件清晰、美观；能正确处理好与监考老师的关系；具有良好的安全意识和质量意识。

8. MAPGIS 软件图件矢量化　编号：J-2-8

基本要求：

【技能要求】能正确进行 MAPGIS 软件的设置，能进行影像镶嵌配准，能利用图例板完成图件的矢量化及编辑工作。

【素养要求】符合高技能型人才的基本素养要求，有良好的学习态度和严谨的学习作风，团队协作好，严格遵循操作步骤，一丝不苟；绘制图件方法正确，数据入库精确，输出数据完整、输出图件清晰、美观、精度高；电脑的维护、软件的维护情况良好；能正确处理好与监考老师的关系；具有良好的安全意识和质量意识。

9. 文件入库及属性分析　编号：J-2-9

基本要求：

【技能要求】能进行图框的生成，进行属性的编辑、查询及修改，能完成图形的接边及输出，能进行属性的挂接、属性数据的导入及导出，能完成 MAPGIS 软件和其他软件的文件转换。

【素养要求】有良好的学习态度和严谨的学习作风，团队协作好，严格遵循操作步骤，一丝不苟；绘制图件方法正确，数据入库精确，输出数据完整，输出图件清晰、美观、精度高；电脑的维护、软件的维护情况良好；能正确处理好与监考老师的关系；具有良好的安全意识和质量意识。

10. 空间分析　编号：J-2-10

基本要求：

【技能要求】能按要求进行点、线、区的缓冲区分析，能正确完成叠加分析，能进行 DTM 分析。

【素养要求】有良好的学习态度和严谨的学习作风，团队协作好，严格遵循操作步骤，一丝不苟；绘制图件方法正确，数据入库精确，输出数据完整，输出图件清晰、美观、精度高；电脑的维护、软件的维护情况良好；能正确处理好与监考老师的关系；具有良好的安全意识和质量意识。

模块三　工程测量

工程测量是工程测量技术专业的核心技能之一，主要是培养学生平面点位测设和高程位置测设的能力，使学生能正确训读各种图纸，进行各种工程的前期勘测和施工放样。由于各校的行业背景有别，故将本模块内容分为线性工程测量、桥梁工程测量、建筑工程测量、水利工程测量、地勘与地下工程测量、变形与形变测量项目。

本模块包括 15 个技能要点，具体如下：

1. 工程图识读及应用　编号：J-3-1

基本要求：

【技能要求】能正确识读地形图、各种设计图和施工图，明白图中各符号的含义，图纸尺寸标注的意义，从图中获取兴趣数据。

【素养要求】符合工程测量员的基本素养要求，体现良好的工作习惯，团队协作好，记录表格字迹工整、填写规范；不损坏考试图纸及设施；测试完毕后应做必要的场地清理和归位工作；能正确处理好与监考老师的关系；具有良好的安全意识和质量意识。

2. 线性工程初测与定测　编号：J-3-2

基本要求：

【技能要求】根据公路、铁路、管线等线性工程施工设计图纸上给出的相关数据，计算出线性工程线路上中桩点的坐标和高程的相关放样数据且计算正确，精度符合要求；能用全站仪、RTK、水准仪进行公路、铁路、管线等线性工程中线、边线的平面、高程放样，放样精度符合要求。

【素养要求】符合工程测量员的基本素养要求，体现良好的工作习惯，团队协作好，记录表格字迹工整、填写规范；计算思路清晰、程序准确、操作得当，不损坏考试仪器及设施；测试完毕后应做必要的场地清理和归位工作;能正确处理好与监考老师的关系;具有良好的安全意识和质量意识。

3. 工程土方测量与计算 编号:J-3-3

基本要求:

【技能要求】能利用测绘仪器采集工程的地形数据并能利用常用软件计算填挖土方量,精度符合要求。

【素养要求】符合工程测量员的基本素养要求,体现良好的工作习惯,团队协作好,记录表格字迹工整、填写规范;软件实操作业思路清晰、绘图准确、熟练,不损坏考试仪器及设施;测试完毕后应做必要的场地清理和归位工作;能正确处理好与监考老师的关系;具有良好的安全意识和质量意识。

4. 工程纵、横断面的测绘 编号:J-3-4

基本要求:

【技能要求】能利用测绘仪器采集公路、铁路、管线等工程的纵横断面数据并能利用常用绘图软件绘制纵、横断面图,精度符合要求。

【素养要求】符合工程测量员的基本素养要求,体现良好的工作习惯,团队协作好,记录表格字迹工整、填写规范;软件实操作业思路清晰、绘图准确、熟练,不损坏考试仪器及设施;测试完毕后应做必要的场地清理和归位工作;能正确处理好与监考老师的关系;具有良好的安全意识和质量意识。

5. 线性工程施工测量 编号:J-3-5

基本要求:

【技能要求】能利用全站仪、RTK、水准仪进行公路、铁路、管线工程施工放样,土方测量、放样精度符合要求,记录表格字迹工整、填写规范、思路清晰。

【素养要求】符合工程测量员的基本素养要求,有良好的工作习惯,团队协作好,爱护仪器和设施;测试完毕后应做必要的场地清理和归位工作;能正确处理好与监考老师的关系;具有良好的安全意识和质量意识。

6. 桥梁施工放样测量 编号:J-3-6

基本要求:

【技能要求】能进行桥梁墩、台定位测量,操作测量仪器方法正确,读数准确而干脆、记录符合规范要求;测站限差符合规范要求、成果计算方法正确、数据符合精度要求、误差处理得当,点位标定正确。

【素养要求】符合工程测量员的基本素养要求,体现良好的工作习惯,团队协作好,记录表格字迹工整、填写规范;测量实操作业思路清晰、程序准确、操作得当,不损坏考试仪器及设施;测试完毕后应做必要的场地清理和归位工作;能正确处理好与监考老师的关系;具有良好的安全意识和质量意识。

7. 建筑工程施工测量数据计算 编号:J-3-7

基本要求:

【技能要求】能根据建筑工程设计图纸,正确计算出工程施工测量相关数据,精度符合要求,记录表格字迹工整、填写规范、思路清晰。

【素养要求】符合工程测量员的基本素养要求,有良好的工作习惯,团队协作好,爱护图纸和设施;测试完毕后应做必要的场地清理和归位工作;能正确处理好与监考老师的关系;

具有良好的安全意识和质量意识。

8. 建筑工程施工测量　编号：J-3-8

基本要求：

【技能要求】能利用全站仪、RTK、水准仪进行建筑工程施工放样，土方测量、放样精度符合要求，记录表格字迹工整、填写规范、思路清晰。

【素养要求】符合工程测量员的基本素养要求，有良好的工作习惯，团队协作好，爱护仪器和设施；测试完毕后应做必要的场地清理和归位工作；能正确处理好与监考老师的关系；具有良好的安全意识和质量意识。

9. 水利工程施工测量数据计算　编号：J-3-9

基本要求：

【技能要求】能根据水利工程设计图纸，正确计算出水利工程施工测量相关数据，精度符合要求，记录表格字迹工整、填写规范、思路清晰。

【素养要求】符合工程测量员的基本素养要求，有良好的工作习惯，团队协作好，爱护图纸和设施；测试完毕后应做必要的场地清理和归位工作；能正确处理好与监考老师的关系；具有良好的安全意识和质量意识。

10. 水利工程施工测量　编号：J-3-10

基本要求：

【技能要求】能利用全站仪、RTK、水准仪进行水利工程施工放样，土方测量、放样精度符合要求，记录表格字迹工整、填写规范、思路清晰。

【素养要求】符合工程测量员的基本素养要求，有良好的工作习惯，团队协作好，爱护仪器和设施；测试完毕后应做必要的场地清理和归位工作；能正确处理好与监考老师的关系；具有良好的安全意识和质量意识。

11. 地质勘探施工测量　编号：J-3-11

基本要求：

【技能要求】能正确操作全站仪、水准仪和GPS接收机；能识读地质图和地形图；能进行勘探线剖面测量、勘探工程点定位测量、勘探网测量、物化探网（点）测量、勘探坑道测量等。

【素养要求】符合工程测量员和地质勘探企业员工的基本素养要求，体现良好的工作习惯，团队协作好；有较强的学习、分析、判断和解决问题的能力；能正确处理好与监考老师的关系；具有良好的安全意识、质量意识和环境保护意识。

12. 地下工程施工测量　编号：J-3-12

基本要求：

【技能要求】能正确操作全站仪、水准仪和GPS接收机；并利用相关测量设备进行隧道、地铁、矿井等地下工程施工测量，记录符合规范要求；测站限差符合规范要求、误差处理得当，点位标定正确等。

【素养要求】符合工程测量员的基本素养要求，体现良好的工作习惯，团队协作好；有较强的学习、分析、判断和解决问题的能力；能正确处理好与监考老师的关系；具有良好的安全意识、质量意识和环境保护意识。

13. 沉降监测　编号：J-3-13

基本要求：

【技能要求】熟悉沉降变形测量有关的规范及相关的技术标准和规程，能进行建筑、基坑、地铁、公路、矿山等工程的沉降位移监测工作,编制沉降监测数据表。

【素养要求】符合工程测量员的基本素养要求,体现良好的工作习惯,记录表格字迹工整、填写规范;测量实操作业思路清晰、程序准确、操作得当,不损坏考试仪器及设施;能吃苦耐劳,做事严谨,实事求是,有团队协作精神,认真检查提供的原始数据,做好计算的检核工作;具有良好的安全意识和质量意识。

14. 水平位移监测　编号:J-3-14

基本要求:

【技能要求】熟悉水平位移测量相关的规范及相关的技术标准和规程,能进行建筑、基坑、地铁、公路、矿山等工程的水平位移监测工作,编制水平位移监测数据表。

【素养要求】符合工程测量员的基本素养要求,体现良好的工作习惯,记录表格字迹工整、填写规范;测量实操作业思路清晰、程序准确、操作得当,不损坏考试仪器及设施;能吃苦耐劳,做事严谨,实事求是,有团队协作精神,认真检查提供的原始数据,做好计算的检核工作;具有良好的安全意识和质量意识。

15. 监测数据整理及报告编写　编号:J-3-15

基本要求:

【技能要求】熟悉变形测量规范及相关的技术标准和规程,能依据建筑、基坑、地铁、公路、矿山等工程的水平位移和沉降位移监测数据,对监测数据进行处理,编制相应的监测报告文件。

【素养要求】符合工程测量员的基本素养要求,体现良好的工作习惯,记录表格字迹工整、填写规范;测量实操作业思路清晰、程序准确、操作得当,不损坏考试仪器及设施;能吃苦耐劳,做事严谨,实事求是,有团队协作精神,测试时不抄袭,细心答题,认真检查提供的原始数据,做好计算的检核工作;具有良好的安全意识和质量意识。

模块四　工程测量监理

按测量监理员岗位要求,要求学生能按照《建设工程监理规范(GBT 50319—2013)》和相关法律法规及有关建设工程标准的规定,依据建设工程勘察设计文件和建设工程监理合同完成新建、扩建、改建建设工程的测量监理工作。

本模块包括五个技能要点(设计图、施工图等图纸的识读技能在工程测量模块中体现,本模块不再重复),具体如下:

1. 现场交接桩与控制桩复核　编号:J-4-1

基本要求:

【技能要求】能依据建设工程勘察设计文件,组织监理单位、设计单位、施工单位的交接桩人员熟悉图纸及相关资料,完成现场交接桩工作;在现场交接桩工作完成后,能审查施工单位的控制桩复测及加密技术方案,并对过程进行有效监督,使之符合规范要求。

【素养要求】符合工程测量监理员的基本素养要求,具备安全生产常识和质量意识,富有团结协作精神,工作精益求精;有良好的工作习惯,作业前仔细清点所需的资料、仪器、材料和辅助工具;工作思路清晰、程序准确、操作得当,能正确处置现场出现的异常情况;严格遵守考场纪律,能正确处理好与监考老师的关系。

2. 施工测量方案的审核　编号:J-4-2

基本要求:

【技能要求】能依据建设工程勘察设计文件、《监理实施细则》和建设工程标准的相关规定,审核施工单位制定的施工测量方案,确保工程建设质量。

【素养要求】符合工程测量监理员的基本素养要求,具备安全生产常识和质量意识,富有团结协作精神,工作精益求精;有良好的工作习惯,作业前仔细清点所需的资料、仪器、材料和辅助工具;工作思路清晰、程序准确、操作得当,能正确处置出现的异常情况;严格遵守考场纪律,能正确处理好与监考老师的关系。

3. 土石方工程量的复核　编号:J-4-3

基本要求:

【技能要求】能针对不同的原始地貌形态和建设工程项目的特点,使用测量仪器采用合理的方法对施工单位的土石方测量成果进行抽检,并能灵活运用正确的计算方法(如方格网法、断面法等)计算土石方工程量,判断施工单位土石方工程量的测定结果是否真实可靠。

【素养要求】符合工程测量监理员的基本素养要求,具备安全生产常识和质量意识,富有团结协作精神,工作精益求精;有良好的工作习惯,作业前仔细清点所需的资料、仪器、材料和辅助工具;工作思路清晰、程序准确、操作得当,能正确处置现场出现的异常情况;严格遵守考场纪律,能正确处理好与监考老师的关系。

4. 施工测量放线数据的审查　编号:J-4-4

基本要求:

【技能要求】能根据建设工程的设计文件和工程项目的特点,对施工单位报送的施工测量放线数据进行复核计算,判断施工测量放线数据是否符合设计及规范要求,并签署审查意见。

【素养要求】符合工程测量监理员的基本素养要求,具备安全生产常识和质量意识,富有团结协作精神,工作精益求精;有良好的工作习惯,作业前仔细清点所需的资料、仪器、材料和辅助工具;工作思路清晰、程序准确、操作得当,能正确处置出现的异常情况;严格遵守考场纪律,能正确处理好与监考老师的关系。

5. 施工测量放线成果的查验　编号:J-4-5

基本要求:

【技能要求】能根据建设工程的设计文件、工程项目的特点和施工单位报送的《施工测量放线成果报验表》,使用测量仪器采用合理的方法对施工单位的测量放线成果进行现场查验,并根据查验结果签署审查意见。

【素养要求】符合工程测量监理员的基本素养要求,具备安全生产常识和质量意识,富有团结协作精神,工作精益求精;有良好的工作习惯,作业前仔细清点所需的资料、仪器、材料和辅助工具;工作思路清晰、程序准确、操作得当,能正确处置现场出现的异常情况;严格遵守考场纪律,能正确处理好与监考老师的关系。

三、专业技能抽查方式

根据专业技能基本要求,本专业(类)技能抽查设计了控制测量、地形地籍测绘、工程测量和工程测量监理四个模块,每个模块下设若干操作试题。抽查时,要求学生能按照相关操作规范,在规定的时间内完成指定的测试任务,并体现良好的职业精神与职业素养。

每个被抽查学生考核两个试题,由省教育厅相关组织机构从第一、二模块中随机抽取一个项目中的任意一题,再根据被抽检学校的专业背景从工程测量模块中选取一个项目抽取一题。工程测量与监理专业的学生则从第一、第二模块及第三模块的前四个项目中抽取一个,但第二模块中的数据入库的内容不考;第二个题目则从第四模块中抽取一个进行考核。

考试时事先设计场次,根据抽查学生的总人数报到后抽取考试顺序号,现场抽取工位号。抽取的题目若为团队的原则上以同一学校的学生组队进行考核,不能满足同校组队时应服从考评老师的安排。

四、参照的技术标准或规范

1. 中华人民共和国国家标准《工程测量规范》GB 50026—2007。

2. 中华人民共和国国家标准《国家一、二等水准测量规范》GB/T 12897—2006。

3. 中华人民共和国国家标准《国家三、四等水准测量规范》GB/T 12898—2009。

4. 中华人民共和国国家标准《全球定位系统(GPS)测量规范》GB/T 18314—2009。

5. 中华人民共和国国家标准《1:500 1:1000 1:2000 外业数字测图技术规程》GB/T14912—2005。

6. 中华人民共和国国家标准《国家基本比例尺地图图式 第1部分:1:500 1:1000 1:2000 地形图图式》GB/T 20257.1—2007。

7. 中华人民共和国测绘行业标准《地籍测量规范》CH 5002—94。

8. 中华人民共和国测绘行业标准《全球定位系统实时动态测量(RTK)技术规范》CH/T 2009—2010。

9. 中华人民共和国行业标准《城市测量规范》CJJ/T 8—2011。

10. 中华人民共和国行业标准《卫星定位城市测量技术规范》CJJ/T 73—2010。

11. 中华人民共和国行业标准《建筑变形测量规范》JGJ 8—2007。

12. 中华人民共和国行业标准《公路勘测规范》JTG C10—2007。

第二部分　工程测量技术专业技能抽查题库

　　根据湖南省高等职业院校工程测量专业（类）学生专业技能抽查标准，适应本专业学生专业基本技能的抽查考试要求，编制相应专业技能抽查题库。题库共包括控制测量、地形地籍测绘、工程测量和工程测量监理四个模块。控制测量模块设高程控制测量、导线控制测量、GPS 测量三个项目；地形地籍测绘模块设数据采集、图形编辑与出图、数据入库三个项目；工程测量模块设市政工程测量、水利工程测量、建筑工程测量、道路与桥梁工程测量、地勘与矿山测量、变形与形变测量六个项目；另设工程测量监理模块。除检验学生的职业技能外，还检验学生的基本职业素质如质量意识、安全意识、艰苦奋斗、操作规范等。题库的开发按四个模块下的各项目进行，控制测量模块现开发 30 套题、地形地籍测绘模块开发 35 套试题、工程测量开发 57 套试题、工程测量监理模块开发 20 套试题。

　　内容依工程测量员职业资格三级的基本要求和教育部工程测量技术专业规范相关职业要求为依据，范围涉及测绘工程项目的技术设计、外业观测、内业计算和测绘成果质量控制。

一、控制测量模块

1. 试题编号：T-1-1　高程控制网技术设计

考核技能点编号：J-1-1

（1）任务描述

　　××县拟新建一座水库，项目附近有 n 个三等水准点，项目建设单位已委托某甲级测绘单位完成了覆盖区域的 D 级 GPS 控制网测量，××公司承担该项目测量工作。经踏勘检查，D 级 GPS 点和三等水准点标志完好，成果可供利用。为满足精度要求，××公司现需以 D 级 GPS 点为起算点布设导线（网）作为平面控制网。以三等水准点为起算点建立高程控制网，该测区为山区，通行困难，植被覆盖率高，采用水准测量施测不现实。××公司计划投入全站仪（采用编码度盘，测角精度为 $5''$，测距精度为 $m_D = 3\ \text{mm} + 2 \times 10^{-6} \cdot D$）2 台完成控制测量任务，请根据工程项目的目的，结合测区情况，完成以下工作：

　　①确定合适的高程控制网及等级和方法，并简要阐述依据；

　　②根据作业单位仪器设备、软件和技术能力的情况，确定高程控制测量的主要技术要求。

（2）实施条件

表 2-1　T-1-1 实施条件

项目	基本实施条件	备注
场地	教室 1 间，按人数配置 1 号绘图板（60 cm×90 cm）	每人 1 块图板
设施设备	项目沿线区域 1∶10 000 比例尺地形图，D 级 GPS 点和三等水准点成果资料	按人配备
工具	《工程测量规范》、透明方格纸（60 cm×60 cm）、红蓝铅笔、3H 铅笔、绘图橡皮、透明直尺（50 cm）、量角器、计算器、透明胶、草稿纸	按人配备
测评专家	考评员须为测绘专业毕业，熟知《工程测量规范》，从事过水利工程测量工作 2 年以上的教师或一线技术人员	必备

（3）考核时量

1人独立完成，限时 90 分钟。

（4）评价标准

表 2-2　T-1-1 评价标准

序号	检测项目	标准分 100	考核标准	评分标准	得分
1	职业素养	5	作业前仔细检查所需的图纸、资料、工具书、材料和辅助工具是否齐全，做好工作前准备	每漏掉一项（处）扣 1 分	
		5	任务完成后整理工作台面，将图纸、资料、工具书、材料和辅助工具归位，不损坏考试工具、资料及设施，有良好的环境保护意识	每漏掉一项（处）扣 1 分	
		10	严格遵守考场纪律，能正确处理好与监考老师的关系	扰乱考场纪律扣 1～5 分；不尊重监考老师扣 1～5 分	
2	操作规范	20	思路清晰，图上设计的主要程序和方法正确	每错漏一处扣 2 分	
		10	工作精益求精，设计资料（文字、图表等）字迹工整、格式规范	就字改字、涂改或字迹模糊影响识读的，每出现一次扣 1 分	
3	高程等级方案	15	高程控制等级选择合理，依据充分。高程控制网方案合理	等级选择不合理扣 1～5 分；选择依据不充分扣 1～5 分。方案选择不合理扣 1～3 分	
4	控制点点位	10	控制点点位的选择符合规范要求，相邻点通视良好，边长和平均边长符合规范要求	点位位置不合理或相邻点间不通视，每一点（边）扣 1 分；线边长或平均边长不符合规范要求，每处扣 2 分	
5	精度	10	精度估算方法正确，控制网的估算精度满足规范要求	精度估算方法不合理扣 1～5 分；控制网的估算精度不满足规范要求扣 5 分	
6	技术要求设计	15	根据作业单位仪器设备、软件和技术能力的情况，确定高程控制测量的主要技术要求	未充分考虑作业单位实际情况扣 1～5 分；技术要求（测回数、限差等）设计不合理的每一项扣 1 分	
			总分		

说明：

出现明显失误造成图纸、资料、工具书和辅助工具严重损坏或严重违反考场纪律造成恶劣影响的，职业素养和操作规范等两个检测项目记 0 分。

高程控制测量技术设计概要

考生学校：＿＿＿＿＿＿＿＿＿＿＿＿＿　　　　考生姓名：＿＿＿＿＿＿

一、高程控制网等级

　　1. 高程控制网等级：＿＿＿＿＿＿＿＿＿＿＿＿

　　2. 确定控制网等级的依据：

二、高程控制网方案设计

　　1. 控制网设计：

　　（用图表示，必要时可用文字简要说明）

　　2. 等级：

四、技术要求设计

---

2. 试题编号：T-1-2　高程控制网技术设计

考核技能点编号：J-1-1

（1）任务描述

　　××县拟新建一座水库，项目附近有 n 个三等水准点，项目建设单位已委托某甲级测绘单位完成了覆盖区域的 D 级 GPS 控制网测量，××公司承担该项目测量工作。经踏勘检查，D 级 GPS 点和二等水准点标志完好，成果可供利用。为满足精度要求，××公司现需以 D 级 GPS 点为起算点布设导线（网）作为平面控制网。以三等水准点为起算点建立高程控制网，该测区为山区，通行困难，植被覆盖率高，采用水准测量施测不现实。××公司计划投入全站仪（采用编码度盘，测角精度为 $5''$，测距精度为 $m_D = 3\ \text{mm} + 2 \times 10^{-6} \cdot D$）2 台完成控制测量任务，请根据工程项目的目的，结合测区情况，完成以下工作：

　　①确定合适的高程控制网及等级和方法，并简要阐述依据；

　　②根据作业单位仪器设备、软件和技术能力的情况，确定高程控制测量的主要技术要求。

　　（2）实施条件

表 2-3 T-1-2 实施条件

项目	基本实施条件	备注
场地	教室 1 间,按人数配置 1 号绘图板(60 cm×90 cm)	每人 1 块图板
设施设备	项目沿线区域 1∶10 000 比例尺地形图,D 级 GPS 点和三等水准点成果资料	按人配备
工具	《工程测量规范》、透明方格纸(60 cm×60 cm)、红蓝铅笔、3H 铅笔、绘图橡皮、透明直尺(50 cm)、量角器、计算器、透明胶、草稿纸	按人配备
测评专家	考评员须为测绘专业毕业,熟知《工程测量规范》,从事过水利工程测量工作 2 年以上的教师或一线技术人员	必备

(3)考核时量

1 人独立完成,限时 90 分钟。

(4)评价标准

表 2-4 T-1-2 评价标准

序号	检测项目	标准分 100	考核标准	评分标准	得分
1	职业素养	5	作业前仔细检查所需的图纸、资料、工具书、材料和辅助工具是否齐全,做好工作前准备	每漏掉一项(处)扣 1 分	
		5	任务完成后整理工作台面,将图纸、资料、工具书、材料和辅助工具归位,不损坏考试工具、资料及设施,有良好的环境保护意识	每漏掉一项(处)扣 1 分	
		10	严格遵守考场纪律,能正确处理好与监考老师的关系	扰乱考场纪律扣 1~5 分;不尊重监考老师扣 1~5 分	
2	操作规范	20	思路清晰,图上设计的主要程序和方法正确	每错漏一处扣 2 分	
		10	工作精益求精,设计资料(文字、图表等)字迹工整、格式规范	就字改字、涂改或字迹模糊影响识读的,每出现一次扣 1 分	
3	高程等级方案	15	高程控制等级选择合理,依据充分,高程控制网方案合理	等级选择不合理扣 1~5 分;选择依据不充分扣 1~5 分;方案选择不合理扣 1~3 分	
4	控制点点位	10	控制点点位的选择符合规范要求,相邻点通视良好,边长和平均边长符合规范要求	点位位置不合理或相邻点间不通视,每一点(边)扣 1 分;线边长或平均边长不符合规范要求,每处扣 2 分	
5	精度	10	精度估算方法正确,控制网的估算精度满足规范要求	精度估算方法不合理扣 1~5 分;控制网的估算精度不满足规范要求扣 5 分	
6	技术要求设计	15	根据作业单位仪器设备、软件和技术能力的情况,确定高程控制测量的主要技术要求	未充分考虑作业单位实际情况扣 1~5 分;技术要求(测回数、限差等)设计不合理的每一项扣 1 分	
总分					

说明:

出现明显失误造成图纸、资料、工具书和辅助工具严重损坏或严重违反考场纪律造成恶劣影响的,职业素养和操作规范等两个检测项目记 0 分。

3. 试题编号: T-1-3　平面控制网技术设计(导线网)

考核技能点编号: J-1-2

(1)任务描述

为满足××市城市建设规划的需要,受××市人民政府委托,××公司承担该市规划区
1:10 000地形图测绘工作。测区东至××,南至××,西至××,北至××,总面积约10 km²。
测区内现有 m 个已知 D 级 GPS 点和 n 个三等水准点,经踏勘检查,标志完好,成果可供利用。
为满足1:10 000地形图测绘的精度要求,××公司现需以 D 级 GPS 点为起算点布设导线
(网)作为测区的首级控制网。××公司计划投入全站仪(采用编码度盘,测角精度为5″,测距
精度为 $m_D = 3 \text{ mm} + 2 \times 10^{-6} \cdot D$)2台套完成首级控制测量任务,请根据工程项目的目的,结合
测区情况和《工程测量规范》(GB 50026—2007)的技术要求,完成以下工作:

①确定合适的导线(网)等级,并简要阐述依据;

②完成水平控制网的图上设计,并用图解法简要阐述检查某导线边通视情况的过程;

③估算控制网的精度;

④设计控制点的高程联测方案,并简要阐述依据;

⑤根据作业单位仪器设备、软件和技术能力的情况,确定平面控制测量的主要技术
要求。

(2)实施条件

表 2-5　T-1-3 实施条件

项目	基本实施条件	备注
场地	教室 1 间,按人数配置 1 号绘图板(60 cm×90 cm)	每人 1 块图板
设施设备	测区 1:10 000 比例尺地形图 1 张, D 级 GPS 点和三等水准点成果资料,测区范围边界	按人配备
工具	《工程测量规范》(GB 50026—2007),透明方格纸(60 cm×60 cm)、红蓝铅笔、3H 铅笔、绘图橡皮、透明直尺(50 cm)、量角器、计算器、透明胶、草稿纸	按人配备
测评专家	考评员须为测绘专业毕业,熟知《工程测量规范》(GB 50026—2007),从事过导线测量工作 2 年以上的教师或一线技术人员	必备

(3)考核时量

1 人独立完成,限时 100 分钟。

(4)评价标准

表 2-6　T-1-3 评价标准

序号	检测项目	标准分 100	考核标准	评分标准	得分
1	职业素养	5	作业前仔细检查所需的图纸、资料、工具书、材料和辅助工具是否齐全,做好工作前准备	每漏掉一项(处)扣 1 分	
		5	任务完成后整理工作台面,将图纸、资料、工具书、材料和辅助工具归位,不损坏考试工具、资料及设施,有良好的环境保护意识	每漏掉一项(处)扣 1 分	
		10	严格遵守考场纪律,能正确处理好与监考老师的关系	扰乱考场纪律扣 1~5 分;不尊重监考老师扣 1~5 分	

续表

序号	检测项目	标准分100	考核标准	评分标准	得分
2	操作规范	20	思路清晰,图上设计的主要程序和方法正确	每错漏一处扣2分	
		10	工作精益求精,设计资料(文字、图表等)字迹工整、格式规范	就字改字、涂改或字迹模糊影响识读的,每出现一次扣1分	
3	导线等级	10	导线(网)等级选择合理,依据充分	等级选择不合理扣1~5分;选择依据不充分扣1~5分	
4	控制点点位	10	控制点点位的选择符合规范要求,相邻点通视良好,导线(网)长度、导线边长和平均边长符合规范要求	点位位置不合理或相邻点间不通视,每一点(边)扣1分;导线(网)长度、导线边长或平均边长不符合规范要求,每处扣2分	
5	精度	10	精度估算方法正确,控制网的估算精度满足规范要求	精度估算方法不合理扣1~5分;控制网的估算精度不满足规范要求扣5分	
6	高程联测	5	控制点水准联测路线设计和等级选择合理	路线设计不合理扣1~3分;等级选择不合理扣1~2分	
7	技术要求设计	15	根据作业单位仪器设备、软件和技术能力的情况,确定平面控制测量的主要技术要求	未充分考虑作业单位实际情况扣1~5分;技术要求(测回数、限差等)设计不合理的每一项扣1分	
总分					

说明:

出现明显失误造成图纸、资料、工具书和辅助工具严重损坏或严重违反考场纪律造成恶劣影响的,职业素养和操作规范等两个检测项目记0分。

平面控制测量技术设计概要

考生学校:＿＿＿＿＿＿＿＿＿＿＿＿＿＿　　　考生姓名:＿＿＿＿＿＿＿

一、控制网的等级

　1. 控制网等级:＿＿＿＿＿＿＿＿＿＿＿＿＿

　2. 确定控制网等级的依据:

二、控制网图上设计

　1. 简要阐述控制网图上设计的主要程序和方法。

　2. 控制网略图:

　3. 控制网参数统计:

续表

控制网等级	导线网					导线				
	结点与结点、结点与高级点之间的导线段长度		导线边长			导线长度		导线边长		
	最大值	最小值	最大值	最小值	平均值	最大值	最小值	最大值	最小值	平均值

4. 用图解法简要阐述检查某导线边通视情况的过程。

三、控制网精度估算

1. 估算方法：

2. 控制网的估算精度：

四、高程联测方案设计

1. 联测路线设计：
(用路线图表示，必要时可用文字简要说明)

2. 联测等级：

五、技术要求设计

1. 导线测量的主要技术要求：

等级	测角中误差("")	测距中误差(mm)	测距相对中误差	方位角闭合差("")	导线全长相对闭合差
			1/		≤1/

2. 水平角观测的技术要求：

等级	仪器精度等级	观测方法	测回数	半测回归零差("")	一测回内2C互差("")	同一方向值各测回较差("")

3. 测距的主要技术要求：

等级	仪器精度等级	每边测回数		一测回读数较差(mm)	单程各测回较差(mm)	往返测距较差(mm)
		往	返			

4. 气象数据测定的技术要求：

最小读数		测定的位置	测定的时间间隔	气象数据的取用
温度(℃)	气压(Pa)			

5. 内业计算方法和数字取位要求：

续表

(1)平差方法：_____（严密平差/近似平差）			
(2)平差软件：_____			
(3)数字取位要求：			

等级	观测方向值及各项 修正数(″)	边长观测值及各项 修正数(mm)	边长与坐标 (m)	方位角 (″)

4. 试题编号：T-1-4　平面控制网技术设计（导线网）

考核技能点编号：J-1-2

(1)任务描述

××市××至××公路按一级公路的标准建设，全长约 10 km，项目所经路线附近有 n 个三等水准点，项目建设单位已委托某甲级测绘单位完成了覆盖全路线的 D 级 GPS 控制网测量，××公司承担该项目定测放线测量工作。经踏勘检查，D 级 GPS 点和三等水准点标志完好，成果可供利用。为满足放线测量的精度要求，××公司现需以 D 级 GPS 点为起算点布设导线（网）作为路线控制网。××公司计划投入全站仪（采用编码度盘，测角精度为 5″，测距精度为 $m_D = 3\ mm + 2 \times 10^{-6} \cdot D$) 2 台套完成路线控制测量任务，请根据工程项目的目的，结合测区情况和《公路勘测规范》(JTG C10-2007)的技术要求，完成以下工作：

①确定合适的导线（网）等级，并简要阐述依据；

②完成水平控制网的图上设计，并用图解法简要阐述检查某导线边通视情况的过程；

③估算控制网的精度；

④设计控制点的高程联测方案，并简要阐述依据；

⑤根据作业单位仪器设备、软件和技术能力的情况，确定平面控制测量的主要技术要求。

(2)实施条件

表 2-7　T-1-4 实施条件

项目	基本实施条件	备注
场地	教室 1 间，按人数配置 1 号绘图板(60 cm×90 cm)	每人 1 块图板
设施设备	项目沿线区域 1：10 000 比例尺地形图，D 级 GPS 点和三等水准点成果资料，公路设计资料（交点坐标、曲线设计数据等）	按人配备
工具	《公路勘测规范》(JTG C10—2007)、透明方格纸(60 cm×60 cm)、红蓝铅笔、3H 铅笔、绘图橡皮、透明直尺(50 cm)、量角器、计算器、透明胶、草稿纸	按人配备
测评专家	考评员须为测绘专业毕业，熟知《公路勘测规范》(JTG C10—2007)，从事过导线测量工作 2 年以上的教师或一线技术人员	必备

(3)考核时量

1 人独立完成，限时 100 分钟。

(4)评价标准

表 2-8 T-1-4 评价标准

序号	检测项目	标准分 100	考核标准	评分标准	得分
1	职业素养	5	作业前仔细检查所需的图纸、资料、工具书、材料和辅助工具是否齐全,做好工作前准备	每漏掉一项(处)扣1分	
		5	任务完成后整理工作台面,将图纸、资料、工具书、材料和辅助工具归位,不损坏考试工具、资料及设施,有良好的环境保护意识	每漏掉一项(处)扣1分	
		10	严格遵守考场纪律,能正确处理好与监考老师的关系	扰乱考场纪律扣1~5分;不尊重监考老师扣1~5分	
2	操作规范	20	思路清晰,图上设计的主要程序和方法正确	每错漏一处扣2分	
		10	工作精益求精,设计资料(文字、图表等)字迹工整、格式规范	就字改字、涂改或字迹模糊影响识读的,每出现一次扣1分	
3	导线等级	10	导线(网)等级选择合理,依据充分	等级选择不合理扣1~5分;选择依据不充分扣1~5分	
4	控制点点位	10	控制点点位的选择符合规范要求,相邻点通视良好,导线(网)长度、导线边长和平均边长符合规范要求	点位位置不合理或相邻点间不通视,每一点(边)扣1分;导线(网)长度、导线边长或平均边长不符合规范要求,每处扣2分	
5	精度	10	精度估算方法正确,控制网的估算精度满足规范要求	精度估算方法不合理扣1~5分;控制网的估算精度不满足规范要求扣5分	
6	高程联测	5	控制点水准联测路线设计和等级选择合理	路线设计不合理扣1~3分;等级选择不合理扣1~2分	
7	技术要求设计	15	根据作业单位仪器设备、软件和技术能力的情况,确定平面控制测量的主要技术要求	未充分考虑作业单位实际情况扣1~5分;技术要求(测回数、限差等)设计不合理的每一项扣1分	
			总分		

说明:

出现明显失误造成图纸、资料、工具书和辅助工具严重损坏或严重违反考场纪律造成恶劣影响的,职业素养和操作规范等两个检测项目记0分。

5. 试题编号:T-1-5 城市 GPS 控制网方案设计

考核技能点编号:J-1-2

(1)任务描述

为满足××县城市建设规划的需要,受××县人民政府委托,××公司承担规划区1:10 000地形图测绘工作。测区位于××县县城区域,东至×××,南至×××,西至×××,北至×××,总面积约10 km²。测区内现有 D 级 GPS 控制点 2 个、E 级 GPS 控制点 2 个和三等水准点 2 个,经踏勘检查,标志完好,成果可供利用。为满足1:10 000地形图测绘的精度要求,现需在原有 GPS 控制点的基础上布设 GPS 全面网作为测区的首级控制网。××公司目前有天宝5 700双频 GPS 接收机 4 台套。请根据工程项目的目的,结合测区情况和规范《全球定位系统(GPS)测量规范》(GBT 18314—2009)、《卫星定位城市测量规范》(CJJ/T73-2010)技术要求,完成以下工作:

①确定合适的 GPS 控制网的等级,并简要阐述依据;

②完成 GPS 控制网的图上设计,并注意 GPS 网点能满足常规联测的要求;

③估算控制网的精度;

④设计 GPS 控制点的水准联测方案,并简要阐述依据;

⑤根据作业单位实际的仪器设备、软件和技术能力情况,设计满足规范要求的作业技术要求。

(2)实施条件

表 2-9 T-1-5 实施条件

项目	基本实施条件	备注
资料	测区 1:10 000 比例尺地形图 1 张、相关成果资料、相关测量规范等	必备
工具	透明胶、红蓝铅笔、透明直尺(50 cm)、3H 铅笔、A4 纸若干、计算机、打印机	必备
测评专家	考评员须为测绘专业毕业,熟知 GPS 测量规范,从事过 GPS 测量工作 2 年以上的教师或一线技术人员	必备

(3)考试时量

1 人独立完成,限时 100 分钟。

(4)评价标准

表 2-10 T-1-5 评价标准

序号	检测项目	标准分 100	考核标准	评分标准	得分
1	职业素养	5	作业前仔细检查所需的图纸、资料、工具书、材料和辅助工具是否齐全,做好工作前准备	工作有序、检查到位得满分;检查或归位每漏掉一项(处)扣 1 分;扣完为止	
		5	任务完成后整理工作台面,将图纸、资料、工具书、材料和辅助工具归位,不损坏考试工具、资料及设施,有良好的环境保护意识		
		10	严格遵守考场纪律,能正确处理好与监考老师的关系	扰乱考场纪律扣 1~5 分;不尊重监考老师扣 1~5 分	
2	操作规范	20	思路清晰,图上设计的主要程序和方法正确	设计程序正确得 5 分;设计方法正确得 5 分;每漏掉一处扣 1 分;扣完为止	
		10	工作精益求精,设计资料(文字、图表等)字迹工整、格式规范	就字改字、涂字或字迹模糊影响识读的,每出现一次扣 1 分	
3	GPS 网等级	10	GPS 网的等级选择合理,依据充分	等级合理选择 5 分,选择依据充分得 5 分。	

续表

序号	检测项目	标准分100	考核标准	评分标准	得分
4	控制点点位	10	控制点点位的选择符合相应规范的要求,每一个GPS点至少有一个通视方向以满足常规方法的联测;GPS网长度和平均边长符合相应规范的要求	点位位置不合理或点无通视方向,每点(边)扣1分;GPS网长度不符合规范要求,每处扣2分;平均边长不符合规范要求,扣3分;扣完为止	
5	精度	10	能采用合理的方法估算控制网的精度;设计的平面控制网满足规范的精度要求	精度估算方法正确5分;控制网精度满足规范要求5分	
6	高程联测	10	GPS控制点的水准联测路线设计合理	联测路线和联测等级合理各5分	
7	作业技术要求设计	10	能根据作业单位实际的仪器设备、软件、技术能力和作业期间星历预报情况,设计满足规范要求的作业技术要求	考虑到作业单位仪器设备情况得5分,作业方法和技术要求合理得5分	
			总分		

6. 试题编号:T-1-6　五等闭合水准线路外业观测

考核技能点编号:J-1-3

(1)任务描述

为测绘1∶500比例尺地形图,需建立高程控制网,测区内现有一个已知水准点 BM_A,测区内现已布设有三个图根水准点1、2、3,请按五等水准测量的要求完成该水准线路的外业观测工作和计算,得出待测点1、2、3三个点的高程。要求4人为一个小组,每人各观测一个测段,记录一个测段,记录者统计本测段的高差和距离。

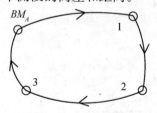

图2-1　T-1-6测量图

(2)实施条件

表2-11　T-1-6实施条件

项目	基本实施条件	备注
场地	布设好水准点的水准线路,每一测段两站能完成	必备
设备	水准仪、水准仪脚架、双面水准标尺、尺垫	必备
工具	铅笔(自带)、水准测量记录用表格、计算器、记录夹板	必备
测评专家	考评员须为测绘专业毕业,熟知水准测量规范,从事过水准测量工作2年以上的教师或一线技术人员	必备

(3)考试时量

4人为一个作业小组。总时间100分钟,每一测段每人不超过20分钟,超时则放弃本测段,换人进行下一测段的观测。

(4)评价标准

表 2-12　T-1-6 评价标准

序号	检测项目	标准分100	考核标准	评分标准	得分
1	职业素养	5	作业前仔细检查所需的仪器、资料、工具书、材料和辅助工具是否齐全,做好工作前准备	每漏掉一项(处)扣1分;扣完为止	
		5	任务完成后整理工作台面,将资料、工具书、材料和辅助工具归位,不损坏考试工具、资料及设施,有良好的环境保护意识		
		10	严格遵守考场纪律,能正确处理好与监考老师的关系	扰乱考场纪律扣1~5分;不尊重监考老师扣1~5分	
2	操作规范	20	仪器使用正确,思路清晰,操作规范	执行附件中扣分标准	
		10	观测顺序正确		
3	记录	10	记录整齐、整洁、字体工整,划改规范	划改错误扣1分/次	
4	测站计算	15	各项计算正确、测段累加正确	错一次扣2分	
5	测站限差	10	各测段的测站数为偶数,各项限差符合要求	超限1处扣1分;设站错误扣5分	
6	成果精度	10	测段高差与标准高差的差值符合要求,闭合差符合要求	超过 $30\sqrt{L}$ mm 计0分,等于 $30\sqrt{L}$ mm 计6分,$10\sqrt{L}$ mm 内满分,其余内插	
			总分		

7. 试题编号:T-1-7　五等水准外业观测

考核技能点编号:J-1-3

(1)任务描述

现场布设有四组(每组一对点)水准点,请按五等水准测量的要求完成指定点间的高差,要求变动仪器高(不少于 10 cm)按往返测量的方式测量两次。

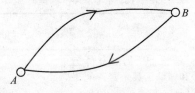

图 2-2　T-1-7 测量图

(2)实施条件

同试题 T-1-6。

(3)考试时量

1人单独进行,限时 30 分钟。

(4)评价标准

同试题 T-1-6。

8. 试题编号:T-1-8 五等闭合水准线路测量与简易平差计算

考核技能点编号:J-1-3、J-1-9

(1)任务描述

为测绘 1:500 比例尺地形图,需建立高程控制网,测区内现有一个已知水准点 BM_A,其高程为 54.286 m,测区内现已布设有五等水准点 3 个(1、2、3),请按五等水准测量的要求完成该水准线路的外业观测工作和计算,得出 3 个待测点的高程。要求 4 人为一个小组,每人各观测一个测段,记录一个测段,记录者统计本测段的高差和距离;根据观测成果每人独立完成内业平差计算。外业观测时间每一测段不得超过 20 分钟。(每一测段两站能完成)

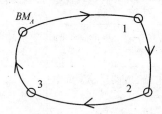

图 2-3 T-1-8 测量图

(2)实施条件

表 2-13 T-1-8 实施条件

项目	基本实施条件	备注
场地	布设好水准点的水准线路,每一测段两站能完成	必备
资料	已知水准点的高程	必备
设备	水准仪、水准仪脚架、双面水准标尺、尺垫	必备
工具	铅笔(自带)、水准测量记录用表格、计算器、记录夹板	必备
测评专家	考评员须为测绘专业毕业,熟知水准测量规范,从事过水准测量工作 2 年以上的教师或一线技术人员	必备

(3)考试时量

4 人为一个小组。限时 100 分钟,每一段每人不超过 20 分钟,超时则放弃本测段,换人进行下一测段的观测。

(4)评价标准

表 2-14 T-1-8 评价标准

序号	检测项目	标准分100	考核标准	评分标准	得分
1	职业素养	5	作业前仔细检查所需的资料、工具书、材料和辅助工具是否齐全,做好工作前准备	工作有序、检查到位得满分;检查或归位有漏掉一项(处)扣 1 分;扣完为止	
		5	任务完成后整理工作台面,将资料、工具书、材料和辅助工具归位,不损坏考试工具、资料及设施,有良好的环境保护意识		
		10	严格遵守考场纪律,能正确处理好与监考老师的关系	扰乱考场纪律扣 1~5 分;不尊重监考老师扣 1~5 分	

续表

序号	检测项目	标准分100	考核标准	评分标准	得分
2	操作规范	20	仪器使用正确,思路清晰,操作规范	执行附件中扣分标准(本书附件详见光盘)	
		10	观测顺序正确		
3	记录	10	记录整齐、整洁、字体工整,划改规范	划改错误扣1分/次	
4	测站计算	10	各项计算正确、测段累加正确	错一次扣2分	
5	测站限差	10	各测段的测站数为偶数,各项限差符合要求	超限一处扣1分;设站错误扣10分	
6	误差分配	10	成果计算准确,填写规范而齐全	错一处1分	
7	成果精度	10	测段高差与标准高差的差值及闭合差	超过 $30\sqrt{L}$ mm 计 0 分,等于 $30\sqrt{L}$ mm计6分,$10\sqrt{L}$ mm 内满分,其余内插	
总分					

9. 试题编号:T-1-9 四等闭合水准线路测量

考核技能点编号:J-1-4

(1)任务描述

为测绘 1:500 比例尺地形图,需建立高程控制网,测区内现有已知水准点 BM_A,其高程为 60.437 m,测区内现已布设三个水准点 1、2、3,请按四等水准测量的要求完成该水准线路的外业观测工作和计算,得出待测点 1、2、3 三点的高程。要求 4 人各观测一个测段,记录一个测段,记录者统计本测段的高差和距离;根据观测成果每人独立完成内业平差计算。外业观测时间每一测段不得超过 25 分钟。

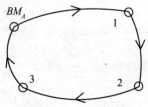

图 2-4 T-1-9 测量图

(2)实施条件

表 2-15 T-1-9 实施条件

项目	基本实施条件	备注
场地	布设好水准点的水准线路	必备
资料	已知水准点的高程	必备
设备	水准仪、水准仪脚架、双面水准标尺、尺垫	必备
工具	铅笔(自带)、水准测量记录用表格、计算器、记录夹板	必备
测评专家	考评员须为测绘专业毕业,熟知水准测量规范,从事过水准测量工作 2 年以上的教师或一线技术人员	必备

（3）考试时量

4人为一个小组。限时120分钟，每一段每人不超过25分钟，超时则放弃本测段，换人进行下一测段的观测。

（4）评价标准

表2-16　T-1-9评价标准

序号	检测项目	标准分100	考核标准	评分标准	得分
1	职业素养	5	作业前仔细检查所需的资料、工具书、材料和辅助工具是否齐全，做好工作前准备	工作有序、检查到位得满分；检查或归位每漏掉一项（处）扣1分；扣完为止	
		5	任务完成后整理工作台面，将资料、工具书、材料和辅助工具归位，不损坏考试工具、资料及设施，有良好的环境保护意识		
		10	严格遵守考场纪律，能正确处理好与监考老师的关系	扰乱考场纪律扣1~5分；不尊重监考老师扣1~5分	
2	操作规范	20	仪器使用正确，思路清晰，操作规范	执行附件中扣分标准	
		10	观测顺序正确		
3	记录	10	记录整齐、整洁、字体工整，划改规范	划改错误扣1分/次	
4	测站计算	10	各项计算正确、测段累加正确	错一次扣2分	
5	测站限差	10	各测段的测站数为偶数，各项限差符合要求	超限一处扣1分；设站错误扣10分	
6	误差分配	10	成果计算准确，填写规范而齐全	错一处1分	
7	成果精度	10	测段高差与标准高差的差值及线路闭合差	超过 $20\sqrt{L}$ mm 计0分，等于 $20\sqrt{L}$ mm 计6分 $8\sqrt{L}$ mm 内满分，其余内插	
			总分		

10. 试题编号：T-1-10　四等附合水准线路测量与简易平差计算

考核技能点编号：J-1-4、J-1-10

（1）任务描述

为测绘1：500比例尺地形图，须建立高程控制网，测区内现有已知水准点 BM_A 和 BM_B（数据现场给定），测区内现已布设1、2、3三个水准点，请按四等水准测量的要求完成该水准线路的外业观测工作和计算，得出待测点1、2、3三点的高程。要求4人各观测一个测段，记录一个测段，记录者统计本测段的高差和距离；根据观测成果每人独立完成内业平差计算。外业观测时间每一测段不得超25分钟。

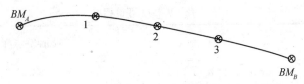

图 2-5　T-1-10 测量图

（2）实施条件

同试题 T-1-9。

（3）考试时量

4 人为一个小组。限时 120 分钟，每一段每人不超过 25 分钟，超时则放弃本测段，换人进行下一测段的观测。

（4）评价标准

同试题 T-1-9。

11. 试题编号：T-1-11　闭合三角高程导线测量

考核技能点编号：J-1-5、J-1-11

（1）任务描述

为测绘 1：500 比例尺地形图，需建立高程控制网，测区内现有 1 个已知高程点 A，其高程抽查时现场提供，测区内现已布设三个控制点 B、C、D，请按工程测量规范要求，以四等电磁波测距三角高程测量的要求完成该外业观测工作和计算，得出待测点 B、C、D 三点的高程。要求 4 人各观测一个点，记录一个点，记录者统计本测站的高差和距离；根据观测成果每人独立完成内业平差计算。外业观测时间每一测段不得超过 25 分钟。

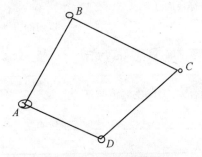

图 2-6　T-1-11 测量图

（2）实施条件

表 2-17　T-1-11 实施条件

项目	基本实施条件	备注
场地	布设好的三角高程导线（相邻点间相互通视）	必备
资料	已知高程点的资料成果	必备
设备	全站仪、全站仪脚架、带基座组、2 m 小钢尺	必备
工具	铅笔（自带）、记录用表格、不可编程计算器、记录夹板	必备
测评专家	考评员须为测绘专业毕业，熟知相关测量规范，从事过控制测量工作 2 年以上的教师或一线技术人员	必备

（3）考试时量

4 人为一个小组。总时间为 120 分钟，每一段每人不超过 25 分钟，超时则放弃本测段，换人进行下一测站的观测。

（4）评价标准

27

表 2-18 T-1-11 评价标准

序号	检测项目	标准分 100	考核标准	评分标准	得分
1	准备工作	6	作业前仔细检查所需的资料、工具书、材料和辅助工具是否齐全,做好工作前准备	工作有序、检查到位得满分;检查或归位每漏掉一项(处)扣1分;扣完为止	
		6	任务完成后整理工作台面,将资料、工具书、材料和辅助工具归位,不损坏考试工具、资料及设施,有良好的环境保护意识		
		8	严格遵守考场纪律,能正确处理好与监考老师的关系	扰乱考场纪律扣1~5分;不尊重监考老师扣1~5分	
2	操作规范	20	仪器使用正确,思路清晰,操作规范	执行附件中扣分标准	
		10	观测顺序正确		
3	记录	10	记录整齐、整洁、字体工整,划改规范	划改错误扣1分/次	
4	测站计算	10	各项计算正确、取值正确	错一次扣2分	
5	观测限差	10	各限差符合规范要求	对向观测高差超过 $40\sqrt{D}$ 的扣10分,等于 $40\sqrt{D}$ 的计6分,$13\sqrt{D}$ 以内的得满分,其余内插	
6	误差分配	10	成果计算准确,填写规范而齐全	错一处1分	
7	成果精度	10	线路闭合差、测线实测值与理论值差值	超过 $20\sqrt{\sum D}$ 的扣10分,$20\sqrt{\sum D}$ 的计6分,$6\sqrt{\sum D}$ 以内的得满分。其余内插	
总分					

12. 试题编号:T-1-12 附合三角高程导线测量

考核技能点编号:J-1-5、J-1-11

(1)任务描述

为测绘 1∶500 比例尺地形图,须建立高程控制网,测区内现有两知高程点 A 和 B,其高程抽查时现场提供,测区内现已布设两个控制点 C、D 请按四等电磁波测距三角程测量的要求完成该外业观测工作和计算,得出待测点 C、D 点的高程。要求 3 人各观测一个点,记录一个点(自己测自己记),统计本测站的高差和距离;根据观测成果每人独立完成内业平差计算。外业观测时间每一测段不得超过 30 分钟。(执行工程测量规范)

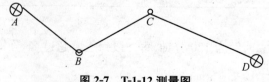

图 2-7 T-1-12 测量图

(2)实施条件

同试题 T-1-11。

(3)考试时量

4 人为一个小组。总时间为 100 分钟,每一段每人不超过 20 分钟,超时则放弃本测段,换人进行下一测段的观测。

(4)评价标准

同试题 T-1-11。

13. 试题编号:T-1-13　二等闭合水准线路测量

考核技能点编号:J-1-6

(1)任务描述

某工程需要进行高程控制测量,测区内现有已知一等水准点 BM_A,其高程为 60.473 m,测区内现已布设 1、2、3 三个水准点,请按二等水准测量的要求完成该水准线路的外业观测工作和计算,得出待测点 1、2、3 三个点的高程。要求 4 人各观测一个测段,记录一个测段,记录者统计本测段的高差和距离;根据观测成果每人独立完成内业平差计算。外业观测时间每一测段不得超过 25 分钟。

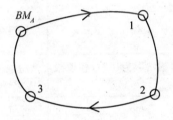

图 2-8　T-1-13 测量图

(2)实施条件

表 2-19　T-1-13 实施条件

项目	基本实施条件	备注
场地	布设好水准点的水准线路	必备
资料	已知水准点的高程	必备
设备	电子水准仪、水准仪脚架、数码水准标尺、尺垫、测绳(据需要)	必备
工具	铅笔(自带)、水准测量记录用表格、计算器、记录夹板	必备
测评专家	考评员须为测绘专业毕业,熟知水准测量规范,从事过水准测量工作 2 年以上的教师或一线技术人员	必备

(3)考试时量

4 人为一个小组。总用时 120 分钟,每一段每人不超过 25 分钟,超时则放弃本测段,换人进行下一测段的观测。

(4)评价标准

表 2-20　T-1-13 评价标准

序号	检测项目	标准分 100	考核标准	评分标准	得分
1	职业素养	5	作业前仔细检查所需的资料、工具书、材料和辅助工具是否齐全,做好工作前准备	工作有序、检查到位得满分;检查或归位每漏掉一项(处)扣 1 分;扣完为止	
		5	任务完成后整理工作台面,将资料、工具书、材料和辅助工具归位,不损坏考试工具、资料及设施,有良好的环境保护意识		
		10	严格遵守考场纪律,能正确处理好与监考老师的关系	扰乱考场纪律扣 1~5 分;不尊重监考老师扣 1~5 分	
2	操作规范	20	仪器使用正确,思路清晰,操作规范	执行附件中扣分标准	
		10	观测顺序正确		
3	记录	10	记录整齐、整洁、字体工整,划改规范	划改错误扣 1 分/次	
4	测站计算	10	各项计算正确、测段累加正确	错一次扣 2 分	
5	测站限差	10	各测段的测站数为偶数,各项限差符合要求	超限一处扣 1 分;设站错误扣 10 分	
6	误差分配	10	成果计算准确,填写规范而齐全	错一处 1 分	
7	成果精度	10	测段高差与标准高差的差值及线路闭合差	超过 $4\sqrt{L}$ mm 计 0 分,等于 $4\sqrt{L}$ mm 计 6 分,$1.3\sqrt{L}$ mm 内得满分,其余内插	
总分					

14. 试题编号:T-1-14　二等附合水准线路测量

考核技能点编号:J-1-6

(1)任务描述

某工程需要进行高程控制测量,测区内现有已知一等水准点 BM_A 和 BM_B(数据现场给定),测区内现已布设 1、2、3 三个水准点,请按二等水准测量的要求完成该水准线路的外业观测工作和计算,得出待测点 1、2、3 三点的高程。要求 4 人各观测一个测段,记录一个测段,记录者统计本测段的高差和距离;根据观测成果每人独立完成内业平差计算。外业观测时间每一测段不得超过 25 分钟。

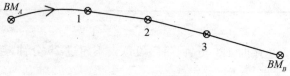

图 2-9　T-1-14 测量图

(2)实施条件

同试题 T-1-13。

（3）考试时量

4 人为一个小组。总用时 120 分钟，每一段每人不超过 25 分钟，超时则放弃本测段，换人进行下一测段的观测。

（4）评价标准

同试题 T-1-13。

15. 试题编号：T-1-15　一级附合导线外业观测

考核技能点编号：J-1-7

（1）任务描述

为测绘 1：500 比例尺地形图，布设了由已知点 A_1、B_1 和待求点 N_1、N_2 组成的一级附合导线（如下图所示）作为测区的首级平面控制网，请使用全站仪按《工程测量规范》（GB 50026—2007）的技术要求完成其水平角观测和距离测量。

要求每人观测一个测站、记录一个测站并完成测站相关计算工作。每一测站观测用时不得超过 20 分钟，记录延迟完成时间不得超过 5 分钟。所有时间均不含迁站时间。

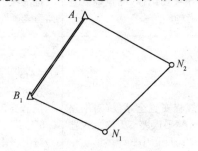

图 2-10　T-1-15 测量图

（2）实施条件

表 2-21　T-1-15 实施条件

项目	基本实施条件	备注
场地	布设好的导线	按组配备
设施设备	全站仪（采用编码度盘，测角精度为 5″，测距精度为 $m_D = 3\ mm + 2 \times 10^{-6} \cdot D$）、配套组合棱镜 2 套、配套三脚架 3 个、全站仪检测报告；导线（网）观测略图，已知点成果资料	按组配备
工具	《工程测量规范》（GB 50026—2007），3H 铅笔、透明直尺（30 cm）、导线观测手簿、计算器、记录夹板、小凳子	按组配备
测评专家	考评员须为测绘专业毕业，熟知《工程测量规范》（GB 50026—2007），从事过导线测量工作 2 年以上的教师或一线技术人员	必备

（3）考核时量

4 人共同完成，$(20+5) \times 4 = 100$ 分钟（不含迁站时间）。

（4）评价标准

表 2-22　T-1-15 评价标准

序号	检测项目	标准分 100	考核标准	评分标准	得分
1	职业素养	5	作业前仔细检查所需的仪器、脚架和辅助工具工作是否正常,工具书、材料、记录表格是否齐全,明确小组分工,做好工作前准备	每漏掉一项(处)扣 1 分	
		5	任务完成后将仪器正确装箱、收脚架,清点好工具书、材料、记录表格和辅助工具,不损坏考试仪器、脚架、辅助工具、资料及设施,有良好的环境保护意识	每漏掉一项(处)扣 1 分	
		10	严格遵守考场纪律,能正确处理好与监考老师的关系	扰乱考场纪律扣 1～5 分;不尊重监考老师扣 1～5 分	
2	操作规范	10	按操作规程安置全站仪(对中误差≤2 mm,整平误差≤1 格),仪器高度和脚架跨度适中; 根据考核试题正确设置全站仪参数(角度单位、距离单位、温度和气压等); 测站观测完成后,及时将仪器的脚螺旋和微动螺旋旋转至中间位置,然后再装箱上锁,收好脚架	仪器取出后未关仪器箱扣 0.5 分; 连接仪器不规范扣 0.5 分; 仪器高度或脚架跨度不合适扣 0.5 分; 对中误差 2～3 mm 扣 1 分,大于 3 mm 扣 2 分; 整平误差(气泡中心偏离)1～2 格扣 1 分,大于 2 格扣 2 分。 仪器参数设置错误,每一项扣 0.5 分; 仪器装箱时脚螺旋和微动螺旋未旋转至中间位置扣 0.5 分,仪器箱未上锁扣 0.5 分,脚架未收好扣 0.5 分	
		10	根据考核试题正确设置全站仪测角模式(水平角 HR)和测距模式(水平距离、精测模式),观测操作规范,读数果断	测角模式设置错误扣 1 分; 水平度盘配置错误,每一测回扣 0.5 分; 角度观测顺序(先盘左,后盘右)错误,每出现一次扣 0.5 分; 仪器旋转(上半测回顺时针旋转,下半测回逆时针旋转)错误,每出现一次扣 0.5 分; 照准目标不精确扣 1 分(抽查); 读数时犹豫或反复的,每出现一次扣 0.5 分; 未确认记录回报的,每出现一次扣 0.5 分; 测距模式设置错误扣 1 分	

续表

序号	检测项目	标准分100	考核标准	评分标准	得分
2	操作规范	10	手簿记录完整,划改规范,记录字迹工整,回报及时、准确	手簿首页表头信息填写不全的,每缺一处扣0.5分; 连环更改、就字改字、涂改或字迹模糊影响识读的,每出现一次扣0.5分; 划改后不在备注栏内注明原因的,每一处扣0.5分; 整测回重测不扣分,但整测回超限成果不用直尺随手划线、不在备注栏内注明原因、未注明"重测"字样或未说明重测记在何处的,每一测回扣0.5分; 更改水平角观测数据的分和秒值、距离测量观测数据的厘米和毫米值,每一处扣2分; 记录转抄每出现一次扣2分; 用橡皮擦手簿或用刀片刮手簿,每出现一次扣3分; 未及时、准确回报观测数据,每出现一次扣0.5分	
3	测站限差	20	水平角观测:半测回归零差≤18″,同一方向值上下半测回较差≤40″,同一方向值各测回较差≤24″; 距离测量:一测回读数较差≤10 mm,单程各测回较差≤15 mm	规定时间内,超限成果经重测合格的不扣分; 每超限一处扣3分	
4	手簿计算	20	手簿计算项目齐全,计算结果正确	手簿缺少计算项,每出现一次扣1.5分; 手簿计算错误,每出现一次扣1.5分	
5	成果精度	10	水平角观测值与标准值之差≤2倍测角中误差; 距离观测值与标准值之差≤2倍测距中误差	水平角超限扣5分; 距离超限扣5分	
总分					

说明:
①出现明显失误造成仪器、脚架、辅助工具、资料及设施严重损坏或严重违反考场纪律造成恶劣影响的,职业素养和操作规范等两个检测项目记0分。
②恶意造假或伪造观测数据者,测站限差、手簿计算和成果精度等三个检测项目记0分。
③规定时间内未完成观测任务,测站限差和成果精度等两个检测项目记0分;规定时间内未完成手簿记录及相关计算任务,手簿计算检测项目记0分。
④记录延迟完成时间=记录完成时刻-观测完成时刻。
⑤距离测量的一测回指照准目标一次,读数4次的过程。
⑥总分=观测得分+手簿记录与计算得分。

表2-23 导线观测手簿（示例1）

观测日期：2013年10月16日　天气：晴　成像：清晰　温度：27℃　气压：1 013 hPa　仪器：32175　观测：张 三　记录：李 四

测回	测站	方向	读数 盘左 (° ′ ″)	读数 盘右 (° ′ ″)	2C (″)	半测回方向值 (° ′ ″)	一测回方向值 (° ′ ″)	各测回平均方向值 (° ′ ″)	备注
I	N_2	N_1	0 00 30	180 00 36		0 00 00 / 00	0 00 00	0 00 00	
		A_1	85 08 16	265 08 24		85 07 46 / 48	85 07 47	85 07 48	
II	N_2	N_1	45 00 27	225 00 42		0 00 00 / 00	0 00 00		
		A_1	130 08 20	310 08 27		85 07 53 / 45	85 07 49		

测回	测站	仪器高	方向	觇标高	读数 盘左 (° ′ ″)	盘右 (° ′ ″)	指标差	垂直角 (° ′ ″)	垂直角中数 (° ′ ″)	边长 观测值	中数	备注
I	N_2		A_1							256 784 787 / 785	256.785	
II	N_2		A_1							256 785 783 / 785 786	256.785	

表 2-24　导线观测手簿(示例 2)

观测日期:2013 年 10 月 16 日　天气:晴　成像:清晰　温度:27 ℃　气压:1 013 hPa　仪器:32175　观测:张 三　记录:李 四

测回	测站	方向	读数 盘 左 ° ′ ″	读数 盘 右 ° ′ ″	2C ″	半测回方向值 ° ′ ″	一测回方向值 ° ′ ″	各测回平均方向值 ° ′ ″	备注
Ⅲ	N₂	N₁	90 00 30	270 00 45		0 00 00 / 00	0 00 00		
		A₁	175 08 20	355 08 30		85 07 50 / 45	85 07 48		
Ⅳ	N₂	N₁	135 00 35	315 00 36		0 00 00 / 00	0 00 00		
		A₁	220 08 20	40 08 24		85 07 45 / 48	85 07 46		

测回	测站	仪器高	方向	觇标高	读数 盘 左 ° ′ ″	读数 盘 右 ° ′ ″	指标差 ″	垂直角 ° ′ ″	垂直角中数 ° ′ ″	边长 观测值	边长 中数	备注

表 2-25 导线观测手簿（示例 3）

观测日期：2013 年 10 月 16 日　天气：晴　成像：清晰　温度：27 ℃　气压：1 013 hPa　仪器：32175　观测：张 三　记录：李 四

测回	测站	方向	读数 盘左 ° ′ ″	盘右 ° ′ ″	2C ″	半测回方向值 ° ′ ″	一测回方向值 ° ′ ″	各测回平均方向值 ° ′ ″	备注
I	B₁	C₁	(0 00 28) 0 00 30	(180 00 39) 180 00 36		0 00 00 00	0 00 00	0 00 00	
		N₃	85 08 16	265 08 24		85 07 48 45	85 07 46	85 ×× ××	
		N₁	167 45 39	347 45 59		167 45 11 20	167 45 16	167 ×× ××	
		C₁	0 00 27	180 00 42					
归零差			△左＝－3″	△右＝＋6″					

边长

测回	测站	仪器高	觇标高	方向	读数 盘左 ° ′ ″	盘右 ° ′ ″	指标差 ″	垂直角 ° ′ ″	垂直角中数 ° ′ ″	观测值	中数	备注
I	B₁			N₁						256 784 787 785	256.785	256.785
II	B₁			N₁						256 785 785 783 786	256.785	

16. 试题编号:T-1-16　二级附合导线外业观测

考核技能点编号:J-1-7

(1)任务描述

为测绘 1∶500 比例尺地形图,布设了由已知点 A_2、B_2 和待求点 N_1、N_2 组成的二级附合导线(如图 2-11 所示)作为测区的加密平面控制网,请使用全站仪按《工程测量规范》(GB 50026—2007)的技术要求完成其水平角观测和距离测量。

要求每人观测一个测站、记录一个测站并完成测站相关计算工作。每一测站观测用时不得超过 25 分钟,记录延迟完成时间不得超过 4 分钟。所有时间均不含迁站时间。

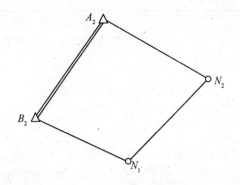

图 2-11　T-1-16 测量图

(2)实施条件

同试题 T-1-15。

(3)考核时量

4 人共同完成,$(25+4)\times4=116$ 分钟(不含迁站时间)。

(4)评价标准

①手簿缺少计算项,每出现一次扣 2 分;手簿计算错误,每出现一次扣 2 分。

②其他检测项目的评分标准同试题 T-1-15。

17. 试题编号:T-1-17　GPS 网外业观测方案制定

考核技能点编号:J-1-8

(1)任务描述

为满足××学院工程测量技术专业数字地形图测绘、常规控制测量和工程测量等教学综合实训的需要,拟在学校周边布设 3 对 E 级 GPS 点作为测区首级控制点。测区原有 E 级 GPS 点 3 个,标志保存良好。受工程测量技术专业教研室的委托,该院××班级已经完成了该控制网点位选择的任务,并做好了点之记。

请按《全球定位系统(GPS)测量规范》(GBT 18314—2009)、《卫星定位城市测量规范》(CJJ/T 73-2010)的相关要求完成以下工作:

①拟定好作业调度表;

②下载合适的星历。

(2)实施条件

表 2-26　T-1-17 实施条件

项目	基本实施条件	备注
场地	安装 GPS 数据处理软件的机房,机房有网络	
资料	GPS 选点略图 1 张、各 GPS 点的点之记、测区 1∶10 000 地形图、《全球定位系统(GPS)测量规范》(GB/T 18314—2009)、《卫星定位城市测量规范》(CJJ/T 73-2010)	必备
工具	笔(自带)、计算机、打印机、稿纸	必备
测评专家	考评员须为测绘专业毕业,熟知 GPS 测量规范,从事过 GPS 测量工作 2 年以上的教师或一线技术人员	必备

(3)考试时量

1 人独立完成,限时 60 分钟。

(4)评价标准

表 2-27　T-1-17 评价标准

序号	检测项目	标准分 100	考核标准	评分标准	得分
1	职业素养	5	仔细检查所需的图纸、资料、材料和辅助工具是否齐全,做好准备	工作有序、检查到位得满分;检查或归位每漏掉一项(处)扣 1 分	
		5	任务完成后将资料收集整理好,有良好的环境保护意识		
		10	室内严格遵守考场纪律,能正确处理好与监考老师的关系	扰乱考场纪律扣 1~5 分;不尊重监考老师扣 1~5 分	
2	操作规范	10	能正确识读图纸	能正确判别方位,找到已知点,在图上标明,每少一项扣 2 分	
		10	会正确启动软件,查询星历数据	正确设置采集参数和测站参数,每错(漏)一项扣 2 分	
		10	使用统一提供的稿纸,字迹工整、格式规范、版面整洁	就字改字或字迹模糊影响识读每出现一次扣 2 分	
3	星历查询	10	从网站下载最新星历数据、更新	下载 3 分,更新正确 7 分	
		10	参数查询正确、观测时间段选择合理	参数设置不正确扣 5 分,时间段选择不合理每处扣 2 分	
4	观测方案	30	依星历情况制定的观测方案合理	出现不合适观测的情况一处扣 5 分	
总分					

18. 试题编号:T-1-18　实训基地 GPS 网外业数据采集

考核技能点编号:J-1-8

(1)任务描述

为满足××学院工程测量技术专业数字地形图测绘、常规控制测量和工程测量等教学综合实训的需要,拟在学校周边布设 3 对 E 级 GPS 点作为测区首级控制点。测区原有 D 级 GPS 点 3 个,标志保存良好。受工程测量技术专业教研室的委托,该院××班级已经完成了该控制网点位选择的任务,并做好了点之记。(采集时间 1 小时)

请按《全球定位系统(GPS)测量规范》(GB/T 18314—2009)、《卫星定位城市测量规范》(CJJ/T 73—2010)的相关要求完成以下工作：

①拟定好作业调度表；

②下载合适的星历；

③完成控制网的外业数据采集任务；

④外业数据的下载；

⑤外业数据的预处理。

(2)实施条件

表 2-28　T-1-18 实施条件

项目	基本实施条件	备注
场地	安装 GPS 数据处理软件的机房,机房有网络	
资料	GPS 选点略图 1 张、各 GPS 点的点之记、测区 1∶10 000 地形图、《全球定位系统(GPS)测量规范》(GBT 18314—2009)、《卫星定位城市测量规范》CJJ/T 73-2010)	必备
设备	GPS 接收机 4 台、脚架 4 个、对讲机 4 个、数据传输电缆	
工具	笔(自带)、计算机、打印机、稿纸、GPS 外业观测手簿	必备
测评专家	考评员须为测绘专业毕业,熟知 GPS 测量规范,从事过 GPS 测量工作 2 年以上的教师或一线技术人员	必备

(3)考试时量

4 人为一小组,总时间 100 分钟。

(4)评价标准

表 2-29　T-1-18 评价标准

序号	检测项目	标准分 100	考核标准	评分标准	得分
1	职业素养	5	外业出测前,仔细检查所需的仪器设备、图纸、资料、材料和辅助工具是否齐全,做好出测前准备	工作有序、检查到位得满分;检查或归位每漏掉一项(处)扣 1 分	
		5	数据采集任务完成后,整理仪器及各种工具,回室内后将仪器等归还。其余资料收集整理好,有良好的环境保护意识		
		10	外出作业,处理好与当地居民之间的关系;室内严格遵守考场纪律,能正确处理好与监考老师的关系	扰乱考场纪律扣 1～5 分;不尊重监考老师扣 1～5 分	
2	操作规范	10	能根据测区地形图、GPS 点的点之记及踏勘情况,顺利找到各 GPS 点	能正确判别方位,及时找到待定点。每少一项扣 2 分	
		10	会正确安置接收机天线进行静态 GPS 控制网数据采集	正确设置采集参数和测站参数,每错(漏)一项扣 2 分	
		10	使用统一提供的表格,字迹工整、格式规范、版面整洁	就字改字或字迹模糊影响识读每出现一次扣 2 分	

续表

序号	检测项目	标准分 100	考核标准	评分标准	得分
3	外业观测手簿	10	记录项目齐全、规范、工整	记录项目每缺少一项扣1分	
		10	天线高量取规范	没按规范要求测前测后各量一次仪器高、每次测3个方向,缺一次扣1分	
		10	卫星号、高度角、方位角、信噪比记录完整	没按要求记录各项,缺一项扣2分	
4	数据文件	20	正确下载各观测数据,正确导入当天下载的最新星历,完成观测成果的预处理	星历下载无误、导入无误、预处理完成良好	
总分					

19. 试题编号:T-1-19 闭合水准线路近似平差计算

考核技能点编号:J-1-9

(1)任务描述

有一闭合水准线路,已知点 BM_A 的高程为 42.587 m,通过外业观测后经整理得出各测段的观测高差和距离如表 2-31,请按近似平差的方法求出各待测点的高程。

表 2-30 T-1-19 测点单位

点名	距离(km)	观测高差(m)
BM_A		
	2.2	+0.594
1		
	3.1	-0.326
2		
	2.1	+7.979
3		
	2.3	-8.218
BM_A		

(2)实施条件

表 2-31 T-1-19 实施条件

项目	基本实施条件	备注
资料	已知水准点的资料成果、水准路线路线略图、整理后的观测成果	必备
工具	铅笔或水性笔(自带)、橡皮(自带)、高程误差配赋表、不可编程计算器	必备
测评专家	考评员须为测绘专业毕业,熟知水准测量规范,从事过水准测量工作2年以上的教师或一线技术人员	必备

(3)考试时量

1人独立完成,限时 60 分钟。

（4）评价标准

表 2-32　T-1-19 评价标准

序号	检测项目	标准分 100	考核标准	评分标准	得分
1	职业素养	6	作业前仔细检查已知数据和观测成果	工作有序、检查到位得满分；检查或归位每漏掉一项（处）扣 1 分	
		6	卷面整洁，不损坏考试工具、资料及设施，有良好的环境保护意识		
		8	严格遵守考场纪律，能正确处理好与监考老师的关系	扰乱考场纪律扣 1～5 分；不尊重监考老师扣 1～5 分	
2	操作规范	10	计算项目齐全	每少一项扣 2 分	
		10	数字取位符合规范的要求	每错误一处扣 1 分	
		10	使用统一提供的表格，字迹工整、格式规范	计算表整洁，每一处划改扣 1 分；就字改字或字迹模糊影响识读每出现一次扣 2 分	
3	高差闭合差计算	17	能正确计算线路的高差闭合差和允许闭合差	闭合差计算 10 分，允许闭合差 7 分	
4	高差改正数计算	12	各测段高差改正数计算正确	每个测段各 3 分	
5	改正后高差计算	12	各测段改正后高差计算正确	每测段 3 分	
6	点的高程计算	9	高程计算结果正确	每点 3 分	
			总分		

20. 试题编号：T-1-20　附合水准线路近似平差计算

考核技能点编号：J-1-9

（1）任务描述

有一附合水准线路如图所示，已知 BM_A 点的高程为 39.833 m，BM_B 点的高程为 48.646 m，通过外业观测后经整理得出各测段的观测高差和距离如图 2-12 所示，请按近似平差的方法求出各待定点的高程。

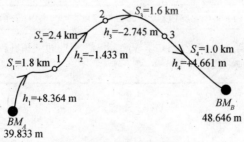

图 2-12　T-1-20 测量图

（2）实施条件

同试题 T-1-19。

（3）考试时量

1 人独立完成，限时 60 分钟。

（4）评价标准

同试题 T-1-19。

21. 试题编号：T-1-21 附合三角高程导线测量近似平差计算

考核技能点编号：J-1-10

（1）任务描述

有一附合三角高程导线如下图所示，已知 A 点的高程为 430.74 m，B 点的高程为 422.10 m，整理后的外业观测成果如下表，请按近似平差的方法求出各待定点的高程。三角高程路线图如图 2-13 所示。

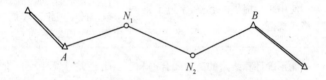

图 2-13　T-1-21 测量图

三角高程观测成果表

测站	照准	斜距(m)	垂直角(°′″)	仪器高(m)	觇标高(m)
A	N_1	586.296	$-2°28'54''$	1.345	2.006
N_1	A	586.553	$+2°32'18''$	1.302	1.303
N_1	N_2	467.328	$+4°07'12''$	1.307	1.308
N_2	N_1	467.187	$-3°52'24''$	1.325	3.406
N_2	B	713.682	$-1°17'42''$	1.328	1.507
B	N_2	713.702	$+1°21'52''$	1.289	2.008

（2）实施条件

表 2-33　T-1-21 实施条件

项目	基本实施条件	备注
资料	已知高程点的资料成果、三角高程路线略图、整理后的观测成果	必备
工具	铅笔或水性笔(自带)、橡皮(自带)、高程误差配赋表、不可编程计算器	必备
测评专家	考评员须为测绘专业毕业，熟知工程测量规范，从事过三角高程测量工作 2 年以上的教师或一线技术人员	必备

（3）考试时量

1 人独立完成，限时 90 分钟。

（4）评价标准

表 2-34　T-1-21 评价标准

序号	检测项目	标准分 100	考核标准	评分标准	得分
1	职业素养	6	作业前仔细检查已知数据和观测成果	工作有序、检查到位得满分;检查或归位每漏掉一项(处)扣 1 分	
		6	卷面整洁,不损坏考试工具、资料及设施,有良好的环境保护意识		
		8	严格遵守考场纪律,能正确处理好与监考老师的关系	扰乱考场纪律扣 1~5 分;不尊重监考老师扣 1~5 分	
2	操作规范	10	计算项目齐全	每少一项扣 2 分	
		10	数字取位符合规范的要求	每错误一处扣 1 分	
		10	使用统一提供的表格,字迹工整、格式规范	计算表整洁,每一处划改扣 1 分;就字改字或字迹模糊影响识读每出现一次扣 2 分	
3	高差闭合差计算	17	能正确计算线路的高差闭合差和允许闭合差	闭合差计算 10 分,允许闭合差 7 分	
4	高差改正数计算	12	各测段高差改正数计算正确	每个测段各 4 分	
5	改正后高差计算	12	各测段改正后高差计算正确	每测段 4 分	
6	点的高程计算	9	高程计算结果正确	每点 4.5 分	
总分					

22. 试题编号:T-1-22　独立交会三角高程测量计算

考核技能点编号:J-1-10

(1)任务描述

A、B、C 是三个已知点,其高程见表 2-35;有一交会点 P,高程由 A、B、C 三点用独立交会三角高程测量求得,其观测数据见表 2-36,请计算 P 点的高程值。

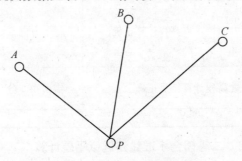

图 2-14　T-1-22 测量图

表 2-35　已知点高程

点名	高程(m)
A	50.48
B	133.94
C	120.57

表 2-36　观测成果

测站	目标	竖角	仪器高(m)	目标高(m)	斜距(m)
A	P	$+3°13'20''$	1.465	2.506	1 142.36
B	P	$-1°06'40''$	1.529	2.508	974.27
C	P	$-0°18'30''$	1.486	2.505	1 038.84

(2)实施条件

同试题 T-1-21。

(3)考试时量

1 人独立完成,限时 45 分钟。

(4)评价标准

表 2-37　T-1-21 评价标准

序号	检测项目	标准分100	考核标准	评分标准	得分
1	职业素养	6	作业前仔细检查已知数据和观测成果	工作有序、检查到位得满分;检查或归位每漏掉一项(处)扣 1 分	
		6	卷面整洁,不损坏考试工具、资料及设施,有良好的环境保护意识		
		8	严格遵守考场纪律,能正确处理好与监考老师的关系	扰乱考场纪律扣 1~5 分;不尊重监考老师扣 1~5 分	
2	操作规范	10	计算项目齐全	每少一项扣 2 分	
		10	数字取位符合规范的要求	每错误一处扣 1 分	
		10	使用统一提供的表格,字迹工整、格式规范	计算表整洁,每一处划改扣 1 分;就字改字或字迹模糊影响识读每出现一次扣 2 分	
3	高差计算	30	能正确计算高差并判断其是否合格	高差计算 27 分,判断合格性 3 分	
4	各方向求得点的高程计算	15	各方向待求点高程计算正确	每个方向 5 分	
6	点的高程计算	5	点之高程计算结果正确	错误扣 5 分	
总分					

23. 试题编号:T-1-23　二等闭合水准线路近似平差计算

考核技能点编号:J-1-11

(1)任务描述

有一二等闭合水准线路,已知点 BM_A 的高程为 42.587 m,通过外业观测后经整理得出各测段的观测高差和距离如表 2-38 所示,请按近似平差的方法求出各待定点的高程并判断其成果是否合格。

表 2-38　T-1-23 测点

点名	距离(km)	观测高差(m)
BM_A		
	12.2	+1.5746
1		
	13.1	−1.3263
2		
	12.1	+2.9794
3		
	12.3	−3.2258
BM_A		

(2)实施条件

同试题 T-1-19。

(3)考试时量

1 人独立完成,限时 60 分钟。

(4)评价标准

同试题 T-1-19。

24. 试题编号:T-1-24　二等附合水准线路近似平差计算

考核技能点编号:J-1-11

(1)任务描述

有一二等附合水准线路,已知 BM_A 点的高程为 45.842 m,BM_B 点的高程为 48.646 m,通过外业观测后经整理得出各测段的观测高差和距离如表 2-39 所示,请按近似平差的方法求出各待定点的高程。

表 2-39　T-1-24 测点

点名	距离(km)	观测高差(m)
BM_A		
	11.8	+1.5678
1		
	12.4	+1.9832
2		
	11.6	−2.1845
3		
	11.3	+1.4362
BM_B		

(2)实施条件

同试题 T-1-19。

（3）考试时量

1 人独立完成，限时 60 分钟。

（4）评价标准

同试题 T-1-19。

25. 试题编号：T-1-25　导线网严密平差

考核技能点编号：J-1-12

（1）任务描述

为满足××市城市建设规划区 1：1 000 地形图测绘工作的需要，某测绘单位以测区 8 个 D 级 GPS 点为起算点，布设了包含 2 个结点的一级导线网作为测区的首级平面控制网（如图 2-15 所示），外业观测采用测角精度为 2″、测距精度为 $m_D = 3\ mm + 2 \times 10^{-6} \cdot D$ 的全站仪按《工程测量规范》（GB 50026—2007）的技术要求进行。

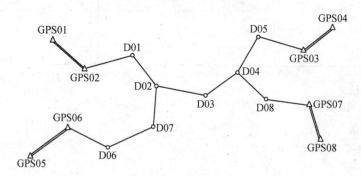

图 2-15　T-1-25 测量图

请按《工程测量规范》（GB 50026—2007）的要求完成如下工作：

①根据导线外业观测成果绘制导线略图，并在图中标注观测值；

②用计算器计算已知边 GPS01—GPS02 和 GPS03—GPS04 的坐标方位角，并填写表 2-40；

表 2-40　坐标方位角计算

点名	x	y	坐标方位角
GPS01			
GPS02			$\alpha_{GPS01-GPS02} =$
GPS03			
GPS04			$\alpha_{GPS03-GPS04} =$

③用计算器计算导线 GPS01→GPS02→D01→D02→D03→D04→D05→GPS03→GPS04 的方位角闭合差，并填写在表 2-41 中；

表 2-41　导线方位角闭合差计算

导线路径	GPS01→GPS02→D01→D02→D03→D04→D05→GPS03→GPS04
方位角闭合差	

④在平差软件中建立该导线网的平差数据文件，并以"考生身份证号码＋考生姓名"为文件名保存在"D:\专业技能抽查考试\导线严密平差"文件夹中；

⑤使用平差软件完成该导线网的严密平差计算,并将平差报告以"考生身份证号码＋考生姓名.doc"为文件名保存在"D:\专业技能抽查考试\导线严密平差"文件夹中;

⑥按规范要求打印输出平差成果和精度评定结果。

注意:②和③完成后必须及时将相应计算表交给考评员,然后才能继续完成后续操作,否则"坐标反算"和"方位角闭合差计算"两个检测项目记0分。

(2)实施条件

表 2-42　T-1-25 实施条件

项目	基本实施条件	备注
场地	能放置12张以上电脑桌的教室(或机房)1间	必备
设施设备	安装好平差软件、Office 2003软件和打印机驱动程序(共享打印机)的计算机12台(2台备用),A4激光打印机2台(1台备用),组成一个局域网(≥100 M); 导线(网)观测略图1张,D级GPS点成果资料,导线观测手簿	计算机按人配备
工具	《工程测量规范》(GB 50026—2007)、透明直尺、量角器、计算表格、非可编程计算器(函数型)、A4打印纸、草稿纸	按人配备
测评专家	考评员须为测绘专业毕业,熟知《工程测量规范》(GB 50026—2007),从事过导线测量工作2年以上的教师或一线技术人员	必备

(3)考核时量

1人独立完成,限时120分钟。

(4)评价标准

表 2-43　T-1-25 评价标准

序号	检测项目	标准分100	考核标准	评分标准	得分
1	职业素养	5	作业前仔细检查所需的起算数据、观测手簿、图纸、资料、材料和辅助工具是否齐全,做好工作前准备	每漏掉一项(处)扣1分	
		5	任务完成后整理工作台面,将起算数据、观测手簿、图纸、资料、材料和辅助工具归位,不损坏考试工具、资料及设施,有良好的环境保护意识	每漏掉一项(处)扣1分	
		10	严格遵守考场纪律,能正确处理好与监考老师的关系	扰乱考场纪律扣1~5分;不尊重监考老师扣1~5分	
2	操作规范	10	能根据导线外业观测成果绘制导线略图,并在图中标注观测值	导线略图绘制不规范扣1~3分;观测值标注错误或遗漏,每一处扣0.5分	
		10	能按平差软件设计的平差计算作业流程进行计算	作业流程错误导致无法完成平差计算的扣10分;遗漏的每一处扣2分	
		10	计算表格填写完整,字迹工整,划改规范,版面整洁	就字改字、涂改或字迹模糊影响识读的,每出现一次扣1分	

续表

序号	检测项目	标准分100	考核标准	评分标准	得分
3	坐标反算	10	能正确反算两条已知边的坐标方位角	每错一条边扣5分	
4	方位角闭合差计算	10	方位角闭合差计算正确	计算错误扣10分	
5	数据文件	15	能在平差软件中正确建立平差数据文件	每错误一处扣1分	
6	计算方案	10	平差计算方案设置正确	每错(漏)一项扣2分	
7	平差结果	5	平差报告完整,能按规范的要求打印输出平差成果和精度评定结果,数字取位符合规范的要求	未按要求提交平差报告的电子文档扣2分; 打印输出的平差成果和精度评定结果错误或遗漏的每一处扣1分,数字取位不符合规范要求的每一处扣1分	
总分					

说明:
①出现明显失误造成起算数据、观测手簿、图纸、资料、材料和辅助工具严重损坏或严重违反考场纪律造成恶劣影响的,职业素养和操作规范等两个检测项目记0分。
②打印输出的平差成果应包含控制网概况、起算数据、观测数据、必要的中间数据和控制点成果。
③打印输出的精度评定结果应包含单位权中误差、点位误差椭圆参数、点位中误差。

控制网平差报告(打印样式)

考生学校:湖南工程职业技术学院　　　　　　考生姓名:　张　三

一、控制网概况
　　　　计算软件:＿＿＿＿＿＿＿＿＿＿＿＿
　　　　网　　名:＿＿＿＿＿＿＿＿＿＿＿＿
　　　　计算日期:＿＿＿＿＿＿＿＿＿＿＿＿
　　　　观测人:×××
　　　　记录人:×××
　　　　计算者:　考生姓名
　　　　检查者:
　　　　测量单位:××××××
　　　　备注:
　　　　平面控制网等级:＿＿＿＿＿＿＿＿＿＿＿＿,验前单位权中误差:＿＿＿＿＿(s)
　　　　已知坐标点个数:＿＿＿＿
　　　　未知坐标点个数:＿＿＿＿
　　　　未知边数:＿＿＿＿
　　　　最大点位误差＿＿＿＿＿＿＿＿＿＿
　　　　最小点位误差＿＿＿＿＿＿＿＿＿＿
　　　　平均点位误差＿＿＿＿＿＿＿＿＿＿
　　　　最大点间误差＿＿＿＿＿＿＿＿＿＿

续表

| 最大边长比例误差 _____ |
| 平面网验后单位权中误差 _____ (s) |
| [边长统计]总边长：_____(m)，平均边长：_____(m)， |
| 最小边长：_____(m)，最大边长：_____(m)。 |

二、闭合差统计报告

三、起算数据

点名	X(m)	Y(m)	H(m)	备注
GPS01	54 747.335 0	86 508.899 0		
GPS02	54 516.461 0	86 780.282 0		
GPS03	54 674.060 0	88 551.001 0		
GPS04	54 869.636 0	88 800.503 0		
GPS05	53 830.218 0	86 341.465 0		
GPS06	54 067.775 0	86 641.636 0		
GPS07	54 240.909 0	88 603.537 0		
GPS08	53 946.015 0	88 719.235 0		

四、方向观测成果表

测站	照准	方向值(dms)	改正数(s)	平差后值(dms)	备注
GPS02	GPS01	0.000 000			
	D001	123.454 600	−1.55	123.454 445	

五、距离观测成果表

测站	照准	距离(m)	改正数(m)	平差后值(m)	方位角(dms)
GPS02	D001	413.998 0	0.011 2	414.009 2	74.090 431
D001	D002	313.607 0	0.005 0	313.612 0	141.214 333

六、平面点位误差表

点名	长轴(m)	短轴(m)	长轴方位(dms)	点位中误差(m)	备注
D001	0.005 2	0.003 9	92.431 415	0.006 4	

续表

七、平面点间误差表

点名	点名	长轴 MT (m)	短轴 MD (m)	D/MD	长轴方位 T (dms)	平距 D (m)	备注
GPS02	D001	0.006 4	0.005 1	81 939	92.431 415	414.009 2	

八、控制点成果表

点名	X(m)	Y(m)	H(m)	备注
GPS01	54 747.335 0	86 508.899 0		已知点
GPS02	54 516.461 0	86 780.282 0		已知点
D001	54 629.526 8	87 178.553 0		

26. 试题编号:T-1-26　附合导线近似平差

考核技能点编号:J-1-12

(1)任务描述

为满足××市××至××公路改造项目施工测量工作的需要,布设了由 4 个一级导线点 G_1、G_2、G_3、G_4 和 3 个待求点 N_1、N_2、N_3 组成的二级附合导线作为测区的加密控制网(如图 2-16 所示),外业观测采用测角精度为 $2''$、测距精度为 $m_D = 3\ mm + 2 \times 10^{-6} \cdot D$ 的全站仪按《工程测量规范》(GB 50026—2007)的技术要求进行。

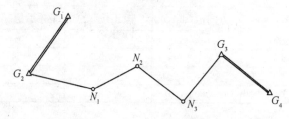

图 2-16　T-1-26 测量图

请按《工程测量规范》(GB 50026—2007)的要求手工完成导线的平差计算。

(2)实施条件

表 2-44　T-1-26 实施条件

项目	基本实施条件	备注
场地	放置 10 张以上课桌的教室 1 间	必备
设施设备	导线观测略图 1 张,导线点成果资料,导线观测手簿	按人配备
工具	《工程测量规范》(GB 50026—2007),透明直尺、量角器、导线坐标计算表、非可编程计算器(函数型)、草稿纸	按人配备
测评专家	考评员须为测绘专业毕业,熟知《工程测量规范》(GB 50026—2007),从事过线测量工作 2 年以上的教师或一线技术人员	必备

(3)考核时量

1 人独立完成,限时 90 分钟。

(4)评价标准

表 2-45　T-1-26 评价标准

序号	检测项目	标准分 100	考核标准	评分标准	得分
1	职业素养	5	作业前仔细检查所需的起算数据、观测手簿、图纸、资料、材料和辅助工具是否齐全,做好工作前准备	每漏掉一项(处)扣1分	
		5	任务完成后整理工作台面,将起算数据、观测手簿、图纸、资料、材料和辅助工具归位,不损坏考试工具、资料及设施,有良好的环境保护意识	每漏掉一项(处)扣1分	
		10	严格遵守考场纪律,能正确处理好与监考老师的关系	扰乱考场纪律扣1~5分;不尊重监考老师扣1~5分	
2	操作规范	10	能根据导线外业观测成果绘制导线略图,并在图中标注观测值	导线略图绘制不规范扣1~3分;观测值标注错误或遗漏,每一处扣0.5分	
		10	计算项目齐全,数字取位符合规范的要求	计算项目每少一项扣1分;数字取位不符合规范要求每处扣1分	
		10	计算表格填写字迹工整,划改规范,版面整洁	就字改字、涂改或字迹模糊影响识读的,每出现一次扣1分	
3	坐标反算	10	能正确反算已知边的坐标方位角	每错一条边扣5分	
4	方位角推算	5	方位角闭合差计算正确	错误扣5分	
		2	方位角闭合差分配合理	分配不合理扣2分	
		3	改正后角值计算正确	每错误一处扣1分	
		5	方位角推算结果正确	方位角推算每错误一处扣1分(关联错误不再扣分)	
5	坐标增量计算	4	各导线边纵、横坐标增量计算正确	每错误一处扣0.5分	
		4	导线纵、横坐标增量闭合差计算正确	纵坐标增量闭合差计算错误扣2分;横坐标增量闭合差计算错误扣2分	
		4	坐标增量闭合差分配合理,改正数计算正确	每错误一处扣0.5分	
		3	改正后的坐标增量计算正确	每错误一处扣0.5分	
6	坐标计算	5	坐标计算结果正确	坐标值每错一处扣0.5分(关联错误不再扣分)	
7	精度评定	5	精度评定结果正确(包括方位角闭合差限差和导线全长相对闭合差两项)	每错一项扣2.5分	
总分					

说明:
①出现明显失误造成起算数据、观测手簿、图纸、资料、材料和辅助工具严重损坏或严重违反考场纪律造成恶劣影响的,职业素养和操作规范等两个检测项目记0分。
②关联错误指由于上一条边(或点)计算结果错误而导致的后续边(点)计算结果错误的现象。

表 2-46　导线坐标计算表（示例 4）

考生学校：湖南工程职业技术学院　　考生姓名：张三　　抽查时间：2013 年 10 月 16 日

点号	观测角值 ° ′ ″	改正数 ″	改正后角值 ° ′ ″	坐标方位角 ° ′ ″	边长 (m)	坐标增量 (m) Δx	V_Δx	Δy	V_Δy	改正后的坐标增量 Δx(m)	Δy(m)	坐标值 x(m)	y(m)
G₁				218 36 24								1 043.920	1 080.598
G₂	63 47 30	+3	63 47 33	102 23 57	267.220	−57.378	+0.016	+260.987	−0.008	−57.362	+260.979	875.440	946.070
N₁	140 36 18	+2	140 36 20	63 00 17	103.760	+47.098	+0.006	+92.455	−0.003	+47.104	+92.452	818.078	1 207.049
N₂	235 25 30	+2	235 25 32	118 25 49	154.650	−73.627	+0.009	+135.999	−0.005	−73.618	+135.994	865.182	1 299.501
N₃	100 18 12	+3	100 18 15	38 44 04	178.430	+139.185	+0.011	+111.646	−0.006	+139.196	+111.640	791.564	1 435.495
G₃	267 33 42	+3	267 33 45	126 17 49								930.760	1 547.135
G₄												791.139	1 737.227
∑		+13			704.060	+55.278	+0.042	+601.087	−0.022	+55.320	+601.065		

辅助计算

$$f_\beta = \sum \alpha_{终计算} - \alpha_{终已知} = -13''$$

$$f_{容} = \pm 16\sqrt{n} = \pm 35.8''$$

$$f_x = \sum \Delta x_{测} - \sum \Delta x_{理} = -0.042 \text{ m} \qquad f_y = \sum \Delta y_{测} - \sum \Delta y_{理} = +0.022 \text{ m}$$

$$f = \sqrt{f_x^2 + f_y^2} = 0.047 \text{ m} \qquad K = \frac{f}{\sum D} = \frac{1}{14\,980} < \frac{1}{10\,000}$$

导线略图

27. 试题编号: T-1-27　无定向导线近似平差

考核技能点编号: J-1-12

(1) 任务描述

为满足××测区 1:1 000 地形图测绘工作的需要,布设了由 2 个二级导线点 G_1、G_2 和 3 个待求点 T_1、T_2、T_3 组成的无定向附合导线作为加密图根控制(如图 2-17 所示),外业观测采用测角精度为 $5''$、测距精度为 $m_D = 3 \text{ mm} + 2 \times 10^{-6} \cdot D$ 的全站仪按《工程测量规范》(GB 50026—2007)的技术要求进行。

图 2-17　T-1-27 测量图

请按《工程测量规范》(GB 50026—2007)的要求手工完成导线的平差计算。

(2) 实施条件

同试题 T-1-26。

(3) 考核时量

1 人独立完成,限时 90 分钟。

(4) 评价标准

表 2-47　T-1-27 评价标准

序号	检测项目	标准分 100	考核标准	评分标准	得分
1	职业素养	5	作业前仔细检查所需的起算数据、观测手簿、图纸、资料、材料和辅助工具是否齐全,做好工作前准备	每漏掉一项(处)扣 1 分	
		5	任务完成后整理工作台面,将起算数据、观测手簿、图纸、资料、材料和辅助工具归位,不损坏考试工具、资料及设施,有良好的环境保护意识	每漏掉一项(处)扣 1 分	
		10	严格遵守考场纪律,能正确处理好与监考老师的关系	扰乱考场纪律扣 1~5 分;不尊重监考老师扣 1~5 分	
2	操作规范	10	能根据导线外业观测成果绘制导线略图,并在图中标注观测值	导线略图绘制不规范扣 1~3 分;观测值标注错误或遗漏,每一处扣 0.5 分	
		10	计算项目齐全,数字取位符合规范的要求	计算项目每少一项扣 1 分;数字取位不符合规范要求每处扣 1 分	
		10	计算表格填写字迹工整,划改规范,版面整洁	就字改字、涂改或字迹模糊影响识读的,每出现一次扣 1 分	
3	坐标反算	10	能正确反算已知边的坐标方位角	错误扣 10 分	

续表

序号	检测项目	标准分 100	考核标准	评分标准	得分
4	导线旋转角的计算	6	方位角推算结果正确	方位角推算每错误一处扣1分（关联错误不再扣分）	
		4	导线的旋转角计算正确	错误扣4分	
5	坐标增量计算	5	各导线边纵、横坐标增量计算正确	每错误一处扣0.5分	
		5	导线纵、横坐标增量闭合差计算正确	纵坐标增量闭合差计算错误扣2分；横坐标增量闭合差计算错误扣2分	
		5	坐标增量闭合差分配合理，改正数计算正确	每错误一处扣0.5分	
		5	改正后的坐标增量计算正确	每错误一处扣0.5分	
6	坐标计算	5	坐标计算结果正确	坐标值每错一处扣0.5分（关联错误不再扣分）	
7	精度评定	5	精度评定结果正确（导线全长相对闭合差）	错误扣5分	
总分					

说明：

①出现明显失误造成起算数据、观测手簿、图纸、资料、材料和辅助工具严重损坏或严重违反考场纪律造成恶劣影响的，职业素养和操作规范等两个检测项目记0分。

②关联错误指由于上一条边（或点）计算结果错误而导致的后续边（点）计算结果错误的现象。

28. 试题编号：T-1-28 E级GPS网基线解算

考核技能点编号：J-1-13

（1）任务描述

为满足××县城市建设规划区1：1000地形图测绘工作需要，在测区2个E级GPS控制点的基础上布设了一个有6个待求点的GPS网作为测区的首级控制。野外观测成果（现场给定），请按《全球定位系统（GPS）测量规范》（GBT 18314—2009）、《卫星定位城市测量规范》（CJJ/T 73—2010）的相关要求完成平差计算工作：

①下载合适的星历（或在提供的不同星历中选择合适的星历）；

②使用基线解算软件完成基线解算；

③按现场考核老师指定的内容输出结果并打印。

（2）实施条件

表2-48　T-1-28实施条件

项目	基本实施条件	备注
场地	安装GPS数据处理软件和Office软件的机房	
资料	GPS控制网略图1张；GPS野外观测成果（电子档，现场提供）、若干期星历数据；控制点成果表	必备
工具	笔（自带）、计算机、打印机	必备
测评专家	考评员须为测绘专业毕业，熟知GPS测量规范，从事过GPS测量工作2年以上的教师或一线技术人员	必备

（3）考试时量

1人独立完成，限时60分钟。

（4）评价标准

考生学校：湖南工程职业技术学院 　　考生姓名：张 三 　　抽查时间：2013 年 10 月 16 日

表 2-49　导线坐标计算表（示例 5）

点号	观测角值 ° ' "	假定坐标方位角 ° ' "	边长 (m)	假定坐标增量 (m) Δx'	假定坐标增量 (m) Δy'	坐标方位角 ° ' "	坐标增量 (m) Δx"	坐标增量 (m) V_Δx	坐标增量 (m) Δy"	坐标增量 (m) V_Δy	坐标值 (m) x	坐标值 (m) y
A		0 00 00									5 264.106	5 004.762
1	175 21 42	355 21 42	220.179	220.179	0.000	88 28 15	5.876	0.000	220.10	0.005	5 269.982	5 224.868
2	191 05 34	6 27 16	197.917	197.269	-16.005	83 49 57	21.264	0.000	196.771	0.005	5 291.245	5 421.644
3	168 42 12	355 09 28	217.634	216.255	24.465	94 55 31	-18.685	0.000	216.830	0.005	5 272.560	5 638.480
4	220 16 41	35 26 09	186.208	185.543	-15.718	83 37 43	20.664	0.000	185.058	0.004	5 293.224	5 823.542
5	146 17 44	1 43 53	222.716	181.461	129.129	123 54 24	-124.240	0.000	184.843	0.005	5 168.983	6 008.390
B			156.812	156.740	4.738	90 12 08	-0.553	0.000	156.811	0.004	5 168.430	6 165.205
∑			1201.466	1157.447	126.609		-95.674	-0.002	1 160.414	0.029		

辅助计算：

反算的坐标方位角 $\alpha_{AB} = 94°42'48"$ 　假定的坐标方位角 $\alpha'_{AB} = 6°14'33"$

导线的旋转角 $\delta = 88°28'15"$

$f_x = +0.002$ m 　$f_y = -0.029$ m 　$f = \sqrt{f_x^2 + f_y^2} = 0.029$ m

$K = \dfrac{f}{\sum D} = \dfrac{1}{41429} < \dfrac{1}{10000}$

导线略图

表 2-50　T-1-28 评价标准

序号	检测项目	标准分 100	考核标准	评分标准	得分
1	职业素养	5	作业前仔细检查所需的原始数据、图纸、资料、材料和辅助工具是否齐全,做好工作前准备	工作有序、检查到位得满分;检查或归位每漏掉一项(处)扣 1 分	
		5	任务完成后整理工作台面,将原始数据、图纸、资料、材料和辅助工具归位,不损坏考试工具、资料及设施,有良好的环境保护意识		
		10	严格遵守考场纪律,能正确处理好与监考老师的关系	扰乱考场纪律扣 1~5 分;不尊重监考老师扣 1~5 分	
2	操作规范	10	能用 GPS 测后数据处理软件按规范和技术设计书的要求对外业观测数据进行处理	正确进行基线解算设置,每少一项扣 2 分	
		20	正确设置平差计算方案	正确进行平差参数设置,每错(漏)一项扣 2 分	
3	数据文件	10	能正确读入观测数据	每错误一处扣 1 分	
4	平差过程	30	能正确读入已知数据并进行平差计算,完成基线解算设置,进行基线解算,检查基线的合格性	不能正确录入数据完成平差计算者,本项 0 分	
5	平差结果	10	能根据平差结果,按现场考核老师指定的项目输出结果并进行打印	未按指定项目设置打印扣 5 分	
总分					

29. 试题编号:T-1-29　E 级 GPS 二维和三维网平差计算

考核技能点编号:J-1-13

(1)任务描述

为满足××市高新产业开发区 1∶1 000 地形图测绘工作需要,在测区 3 个 E 级 GPS 控制点的基础上布设了一个有 7 个待求点的 GPS 网作为测区的首级控制。野外作业采用 4 台南方 GPS 接收机同步观测,野外观测成果(现场给定),请按《全球定位系统(GPS)测量规范》(GBT 18314—2009)、《卫星定位城市测量规范》(CJJ/T73—2010)的相关要求完成平差计算工作:

①下载合适的星历(或在提供的不同星历中选择合适的星历);

②使用基线解算软件完成基线解算;

③使用平差软件完成二维平差计算;

④根据平差报告,选择所需内容打印平差成果;

⑤根据平差成果,正确填写控制点成果表等相关表格。

(2)实施条件

同试题 T-1-28。

(3)考试时量

1 人独立完成,限时 90 分钟。

(4)评价标准

表 2-51　T-1-29 评价标准

序号	检测项目	标准分100	考核标准	评分标准	得分
1	职业素养	5	作业前仔细检查所需的原始数据、图纸、资料、材料和辅助工具是否齐全,做好工作前准备	工作有序、检查到位得满分;检查或归位每漏掉一项(处)扣 1 分	
		5	任务完成后整理工作台面,将原始数据、图纸、资料、材料和辅助工具归位,不损坏考试工具、资料及设施,有良好的环境保护意识		
		10	严格遵守考场纪律,能正确处理好与监考老师的关系	扰乱考场纪律扣 1~5 分;不尊重监考老师扣 1~5 分	
2	操作规范	10	能用 GPS 测后数据处理软件按规范和技术设计书的要求对外业观测数据进行处理	正确进行基线解算设置,每少一项扣 2 分	
		10	正确设置平差计算方案	正确进行平差参数设置,每错(漏)一项扣 2 分	
		10	使用统一提供的表格,字迹工整、格式规范、版面整洁	就字改字或字迹模糊影响识读每出现一次扣 2 分	
3	数据文件	10	能正确读入观测数据	每错误一处扣 1 分	
4	平差过程	30	能正确读入已知数据并进行平差计算	不能正确录入数据完成平差计算者,本项 0 分	
5	平差结果	10	能根据平差报告,选择最基本的需要打印的项目;根据平差报告,正确填写控制点成果表等相关表格,数字取值精度符合要求	打印项目选择不合理,造成纸张大量浪费扣 5 分;数字取值精度每错误一处扣 1 分	
			总分		

30. 试题编号:T-1-30　E 级 GPS 网二维平差计算

考核技能点编号:J-1-13

(1)任务描述

为满足××项目建设工作需要,在项目区域 3 个 E 级 GPS 控制点的基础上布设了一个有 7 个待求点的 GPS 网作为测区的首级控制。野外作业采用 4 台南方 GPS 接收机同步观测,野外观测成果(现场给定),请按《全球定位系统(GPS)测量规范(GBT 18314—2009)、《卫星定位城市测量规范》(CJJ/T73—2010)的相关要求完成平差计算工作:

①下载合适的星历(或在提供的不同星历中选择合适的星历);

②使用基线解算软件完成基线解算;

③使用平差软件完成二维平差计算;

④根据平差报告,选择所需内容打印平差成果;

⑤根据平差成果,正确填写控制点成果表等相关表格。

(2)实施条件

同试题 T-1-28。

(3)考试时量

1人独立完成,限时 90 分钟。

(4)评价标准

同试题 T-1-28。

二、地形地籍测绘模块

1. 试题编号:T-2-1 全站仪数据输入与编辑操作

考核技能点编号:J-2-1

(1)任务描述

将仪器按指定地点进行对中整平,在全站仪中建立坐标数据文件(文件名自拟),现场给定 3 个点的坐标数据,将按规定的点名存入全站仪中,并按指令进行数据查询、修改和文件删除操作。

(2)实施条件

表 2-52 T-2-1 实施条件

项目	基本实施条件	备注
场地	有工作台的便于仪器安全架设工场所	必备
设备	全站仪	必备
资料	已知坐标数据表	必备
测评专家	考评员须为测绘专业毕业,熟知地形、地籍测量规范,非常熟悉全站仪的操作,从事过数字测图工作 2 年以上的教师或一线技术人员	必备

(3)考核时量

1人独立完成,限时 30 分钟。

(4)评价标准

表 2-53 T-2-1 评价标准

序号	检测项目	标准分100	考核标准	评分标准	得分
1	仪器取放	10	取放仪器动作及仪器放置位置安全	取放仪器动作不安全、仪器放置位置不安全每项扣 5 分	
2	建立文件与数据输入	20	动作熟练,输入数据正确	动作迟疑、反复、粗鲁扣 5~10 分;输入数据错误每点扣 5 分	
3	编辑操作	30	动作正确熟练	每项操作动作迟疑、反复、粗鲁酌扣 5~10 分	
4	操作完整	10	正确开机、关机	动作迟疑、反复、粗鲁扣 1~5 分;未退回主界面关机扣 5 分	
5	用时	10	标准用时 10 分钟	10 分钟未完成得 0 分,10 分钟完成得 6 分,6 分钟完成得 10 分,其余内插	
6	职业素养	20	安全生产、文明生产;其他违规等	有违安全、文明生产要求,以及前款未提及的技术瑕疵,每项扣 4 分	
总分					

2. 试题编号:T-2-2　全站仪三维数据采集

考核技能点编号:J-2-1、J-2-2

(1)任务描述

某1:500数字测图项目,给定一个已知控制点,一个公共定向点(坐标现场提供),要求测定指定的碎部点1、2、3点坐标(含高程)。从仪器安置开始计时,两人为一小组,一人主测(操作仪器),另一人做辅助工作(打棱镜等),每人考试完毕后再交换工作重复做一次,每人限时30分钟。要求:

①使用全站仪坐标数据采集功能进行测站设置。

②建立坐标数据文件,已知点及碎步点坐标均存入文件中。

③完成测量后,查询并抄录已知点、碎步点坐标。

④完成抄录后做初始化操作。

(2)实施条件

表2-54　T-2-2实施条件

项目	基本实施条件	备注
场地	室外场地,布置并事先测定若干控制点	必备
设备	全站仪(含脚架)1台,棱镜(含对中杆)1套,钢卷尺1个	必备
资料	已知坐标数据表、铅笔、记录纸、记录夹板	必备
测评专家	考评员须为测绘专业毕业,熟知地形、地籍测量规范,从事过数字测图工作2年以上的教师或一线技术人员	必备

(3)考核时量

30分钟。

(4)评价标准

表2-55　T-2-2评价标准

序号	检测项目	标准分 100	考核标准	评分标准	得分
1	仪器安置	10	长泡居中,对中误差不大于5 mm	气泡偏移超1格,对中在小圈外,分别扣2分;气泡偏移超2格、对中在大圈外分别扣5分	
2	测站设置	30	建文件、测站设置、定向设置、测站检查步骤正确	测站设置错误扣10分,定向设置错误扣10分,仪器高未设置扣10分。无显著错误,但未做测站检查扣5分	
3	碎部测量	5	碎部测量功能操作正确	未完成或成果显著错误扣5分	
4	查询抄录	5	查询功能操作正确	未完成或抄录错误扣5分	
5	初始化操作	5	初始化功能操作正确	未完成扣5分	
6	成果精度	15	点位中误差15 cm,高程中误差15 cm	与标准值比较,超2倍中误差,每点扣5分	
7	用时	10	标准时间30分钟	30分钟完成得6分,25分钟完成得满分,30分钟未完成得0分	
8	职业素养	20	安全生产、文明生产,其他违规等	有违安全、文明生产要求,以及前款未提及的技术瑕疵,每项(人次)扣4分	
总分					

3. 试题编号:T-2-3 全站仪三维坐标数据采集

考核技能点编号:J-2-1、J-2-2

(1)任务描述

某1:500数字测图项目,要求测定指定的碎部点1、2、3点坐标(含高程)。请用给定的已知点(坐标另提供)测量1、2、3点坐标。从仪器安置开始计时,两人为一小组,一人主测(操作仪器),另一人做辅助工作(打棱镜等),每人考试完毕后再交换工作重复做1次,每人限时30分钟。要求:

①使用全站仪后方交会(自由设站)功能进行测站设置。

②建立坐标数据文件,已知点及碎步点坐标均存入文件中。

③完成测量后,查询并抄录已知点、碎步点坐标。

④完成抄录后做初始化操作。

(2)实施条件

同试题T-2-2。

(3)考核时量

30分钟。

(4)评价标准

①"测站设置"检测项目评分标准:未完成后方交会扣20分;未做测站检查扣5分。

②其他检测项目的评分标准同试题T-2-2。

4. 试题编号:T-2-4 全站仪测记法数据采集与数据传输

考核技能点编号:J-2-1、J-2-2

(1)任务描述

某建设项目需测绘指定区域1:500数字地形图。请用全站仪和给定的已知点(坐标另提供)完成该区域的测图任务(基本等高距0.5 m。测区以地貌为主,面积不大于2 500 m²)。要求:

①测站设置、观测、草图绘制、数据传输应由不同成员完成。

②已知点、碎步点均要记录于坐标数据文件中。

③采用测记法完成数据采集。

(2)实施条件

表2-56 T-2-4实施条件

项目	基本实施条件	备注
场地	微丘或较大土堆,用小旗标定界线;布置并事先测定若干控制点	必备
设备	全站仪(含脚架)1台;棱镜(含对中杆)1套;钢卷尺1个;裁判用装备CASS软件的电脑1台;数据线1根	必备
资料	已知坐标数据表;铅笔、记录纸、记录夹板	必备
测评专家	考评员须为测绘专业毕业,熟知地形、地籍测量规范,从事过数字测图工作2年以上的教师或一线技术人员	必备

(3)考核时量

4人共同完成,限时50分钟。

(4)评价标准

表 2-57　T-2-4 评价标准

序号	检测项目	标准分 100	考核标准		评分标准	得分
1	测站操作	10	长泡居中,对中误差不大于 5 mm;测站设置正确;做测站检核		气泡偏移超 1 格、对中在小圈外,分别扣 2 分;气泡偏移超 2 格、对中在大圈外分别扣 5 分;未做测站检查,扣 5 分/站	
2	用时	10	标准时间 30 分钟		每延迟 2 分钟完成扣 1 分,扣完为止	
3	面积与质量	60	测绘面积	展点面积与标准面积比较	扣分:60×未测面积/标准面积	
			数学精度	平面中误差 0.15 m,高程中误差 0.15 m	检查 5 个测点,与标准值比较:由测站设置引起的系统错误扣 30 分;超 2 倍中误差每点扣 5 分	
			属性精度	草图属性及连接关系记录准确	每处错误扣 1 分	
			要素完备性	要素无遗漏	遗漏主要地物、地貌点线要素每处扣 4 分;遗漏其他要素,每处扣 1 分	
4	职业素养	20	安全生产、文明生产;其他违规等		有违安全、文明生产要求,以及前款未提及的技术瑕疵,每项(人次)扣 4 分	
			总分			

5. 试题编号:T-2-5　全站仪数据输入与编辑操作

考核技能点编号:J-2-1

(1)任务描述

将全站仪中指定的坐标数据文件传输到电脑中,形成 CASS 适用的坐标数据文件。

(2)实施条件

表 2-58　T-2-5 实施条件

项目	基本实施条件	备注
场地	办公室或教室,有桌椅	必备
设备	全站仪、传输线、装备 CASS 的电脑 1 台(套)	必备
资料	全站仪中需预先存入坐标数据文件	必备
测评专家	考评员须为测绘专业毕业,熟知地形、地籍测量规范,从事过数字测图工作 2 年以上的教师或一线技术人员	必备

(3)考核时量

1 人完成,限时 20 分钟。

(4)评价标准

表 2-59   T-2-5 评价标准

序号	检测项目	标准分100	考核标准	评分标准	得分
1	仪器取放	10	取放仪器动作及仪器放置位置安全	取放仪器动作不安全、仪器放置位置不安全每项扣5分	
2	设备连接	10	接插孔正确;动作轻	连接动作迟疑、反复、粗鲁酌扣1~5分	
3	设置与传输操作	40	通信参数设置正确;文件传输步骤正确	文件传输不完整扣20分,不能传输扣40分	
4	文件检查	10	坐标数据文件符合CASS展点要求	未进行文件查验扣5分;格式错误扣10分	
5	用时	10	标准用时10分钟	10分钟未完成得0分,10分钟完成得6分,6分钟完成得10分,其余内插	
6	职业素养	20	安全生产、文明生产;其他违规等	有违安全、文明生产要求,以及前款未提及的技术瑕疵,每项扣4分	
			总分		

6. 试题编号:T-2-6   全站仪数字测图项目准备工作

考核技能点编号:J-2-2

(1)任务描述

某测量小组受指派前往外地某山区从事全站仪数字测图工作。请为该小组拟写所需准备的设备、器材及各类物品清单(只写品种,不要求写数量)。

(2)实施条件

表 2-60   T-2-6 实施条件

项目	基本实施条件	备注
场地	办公室或教室,有桌椅	必备
设备	钢笔、答题纸	必备
测评专家	考评员须为测绘专业毕业,熟知地形、地籍测量规范,从事过数字测图工作2年以上的教师或一线技术人员	必备

(3)考核时量

1人完成,限时20分钟。

(4)评价标准

表 2-61   T-2-6 评价标准

序号	检测项目	标准分100	考核标准	评分标准	得分
1	工作器材	30	主要器材:全站仪、脚架、充电器、传输线、电脑、打印机;次要器材:备用电池、打印纸、记号笔等	主要器材每项3分;次要器材表载三项每项2分,合理增加一项加1分	
2	生活用品	20	身份证件、生活必需品、钱款、通信设备等	表载四项每项3分,合理增加一项加1分	
3	安全防护	20	工作衣、帽、鞋,防暑品,防蛇药	表载三项每项4分,合理增加一项加1分	
4	用时	10	在规定时间内完成	10分钟未完成得0分,10分钟完成得6分,6分钟完成得10分,其余内插	
5	职业素养	20	安全生产、文明生产;条款清晰,字迹工整等	分类与字迹不清晰分别扣1~3分;有违安全生产、文明生产及前款未提及的瑕疵,每项扣4分	
			总分		

7. 试题编号：T-2-7　用简码绘制草图

考核技能点编号：J-2-2

(1)任务描述

给图 2-18 中各测点标注 CASS 简编码。

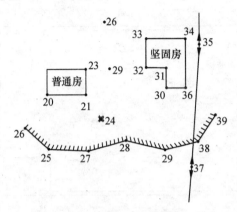

图 2-18　T-2-7 测量图

(2)实施条件

表 2-62　T-2-7 实施条件

项目	基本实施条件	备注
场地	办公室或教室，有桌椅	必备
资料	试卷、笔、编码表	必备
测评专家	考评员须为测绘专业毕业，熟知地形、地籍测量规范，从事过数字测图工作 2 年以上的教师或一线技术人员	必备

(3)考核时量

1 人完成，限时 20 分钟。

(4)评价标准

表 2-63　T-2-7 评价标准

序号	检测项目	标准分 100	考核标准	评分标准	得分
1	编码表	10	熟悉常用类别码	须另提供编码表者扣 10 分	
2	类别码	25	正确使用类别码	类别码字母错每个扣 3 分；类别码数字错误每个扣 1 分	
3	关系码	25	正确使用关系码	每点关系码错误扣 2 分；未使用字符关系码扣 5 分	
4	独立地物码	10	正确使用独立地物码	每处错误扣 5 分	
5	用时	10	不超过考核时量	10 分钟未完成得 0 分，10 分钟完成得 6 分，6 分钟完成得 10 分，其余内插	
6	职业素养	20	安全生产、文明生产；字迹工整	书写不清晰酌扣 1~5 分；有违安全生产、文明生产及前款未提的瑕疵，每项扣 4 分	
总分					

8. 试题编号:T-2-8　用简码绘制草图

考核技能点编号:J-2-2

(1)任务描述

给图 2-19 中各测点标注 CASS 简编码。

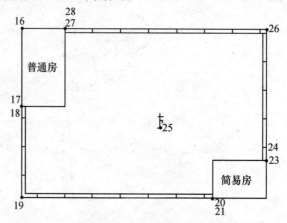

图 2-19　T-2-8 测量图

(2)实施条件

同试题 T-2-7。

(3)考核时量

1 人完成,限时 20 分钟。

(4)评价标准

同试题 T-2-7。

9. 试题编号:T-2-9　RTK 坐标数据采集

考核技能点编号:J-2-3、J-2-4

(1)任务描述

某市政工程测图中,要求测定指定的 1、2、3 坐标(含高程)。请用给定的控制点(坐标及坐标系统参数另提供)测量 1、2、3 点坐标。要求:

①使用 RTK 动态测量模式进行数据采集。

②基准站架设在未知点上。

③完成测量后,查询并抄录已知点、碎步点坐标。

④基准站安置、天线安置、流动站与手簿操作、查询抄录分别由 4 位成员完成。

(2)实施条件

表 2-64　T-2-9 实施条件

项目	基本实施条件	备注
场地	室外开阔场地,布置并事先测定若干控制点	必备
设备	RTK-GPS 测量系统一套(1+1);钢卷尺 1 个	必备
资料	已知坐标数据表;铅笔、记录纸、记录夹板	必备
测评专家	考评员须为测绘专业毕业,熟知地形、地籍测量规范,从事过数字测图工作 2 年以上的教师或一线技术人员	必备

(3)考核时量

4 人共同完成,限时 30 分钟。

(4)评价标准

表 2-65　T-2-9 评价标准

序号	检测项目	标准分100	考核标准	评分标准	得分
1	设备组装	20	系统正常工作,流动站接收到基准站信号	系统不能正常工作,扣 10 分	
2	基准站安置	10	气泡居中	气泡偏移超 1 格、对中在小圈外,分别扣 2 分;气泡偏移超 2 格、对中在大圈外分别扣 5 分	
3	手簿设置操作	20	手簿蓝牙接通,工程新建完毕	蓝牙未接通、工程参数设置错误各扣 10 分	
4	校正操作	20	校正步骤操作正确	校正步骤错误扣 10 分	
5	碎部测量	10	流动站安置及手簿操作正确	操作错误扣 5 分	
6	成果精度	10	平面中误差 15 cm,高程中误差 15 cm	与标准值比较,超 2 倍中误差,每点扣 2 分	
7	用时	5	标准时间 30 分钟	每提前 5 分钟完成得 1 分,最高得 5 分	
8	职业素养	5	安全生产、文明生产;其他违规等	有违安全、文明生产要求,以及前款未提及的技术瑕疵,每项(人次)扣 1 分	
			总分		

10. 试题编号:T-2-10　依数据文件和草图用软件绘制地形图

考核技能点编号:J-2-5、J-2-6

(1)任务描述

现场提供观测数据文件和草图(见图 2-20),利用绘图软件,按 1∶500 比例尺完成地形图绘制工作,并输出打印。

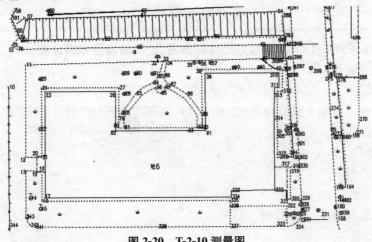

图 2-20　T-2-10 测量图

(2)实施条件

表 2-66 T-2-10 实施条件

项目	基本实施条件	备注
场地	机房	必备
资料	数据文件、草图	必备
设备	装有成图软件的计算机	必备
工具	铅笔、A4 纸、记录夹板	必备
测评专家	考评员须为测绘专业毕业,熟知地形地籍测量规范,从事过地形图测绘工作 2 年以上的教师或一线技术人员	必备

(3)考核时量

1 人独立完成,限时 120 分钟。

(4)评价标准

表 2-67 T-2-10 评价标准

序号	检测项目	标准分 100	考核标准	评分标准	得分
1	职业素养	5	清查给定的图纸、资料、记录工具是否齐全,做好工作前准备	造成工具严重损坏,或严重违反考场纪律,造成恶劣影响的本大项记 0 分	
		10	严格遵守考场纪律		
		5	任务完成后,整齐摆放图纸、工具书、记录工具、凳子,整理工作台面等		
2	地籍图绘制	70	展绘野外观测点(10 分)	完成相应操作得相应分数,有误则扣相应分数	
			按要求设置测图比例尺 1∶500。(10 分)		
			根据草图依规范要求绘制地形图。(50 分)	漏绘一个地物要素或者错绘一个扣 5 分(扣完为止)	
4	打印输出	10	打印输出地形图。(10 分)	完成相应操作得相应分数,有误则扣相应分数	
	总分				

11. 试题编号:T-2-11 根据数据文件和草图,绘制地籍图和宗地图

考核技能点编号:J-2-5、J-2-6

(1)任务描述

现场提供观测数据文件和草图(见图 2-21),请利用绘图软件按 1∶500 比例尺完成地籍图和宗地图绘制工作。

(2)实施条件

同试题 T-2-10。

(3)考核时量

1 人独立完成,限时 120 分钟。

(4)评价标准

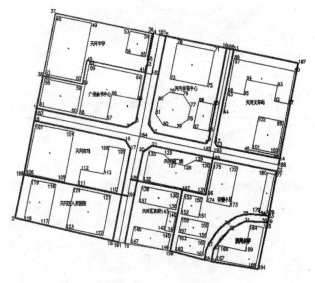

图 2-21　T-2-11 测量图

表 2-68　T-2-11 评价标准

序号	检测项目	标准分100	考核标准	评分标准	得分
1	职业素养	5	清查给定的图纸、资料、记录工具是否齐全，做好工作前准备	造成工具严重损坏，或严重违反考场纪律，造成恶劣影响的本大项记 0 分	
		10	严格遵守考场纪律		
		5	任务完成后，整齐摆放图纸、工具书、记录工具、凳子，整理工作台面等		
2	地籍图绘制	40	展绘野外观测点（5分）	每项操作没有错误，得满分；有误，扣 5 分/次（每个考核点 5 分，扣完为止）	
			按要求设置测图比例尺 1∶1 000（5分）		
			根据草图依规范要求绘制地籍图（20分）		
			绘制图框（10分）		
3	宗地图绘制	30	绘制权属线（5分）	完成相应操作得相应分数，有误则扣相应分数	
			生成权属文件（5分）		
			由权属文件生成权属图（5分）		
			生成界址点成果表（5分）		
			绘制宗地图（10分）		
4	打印输出	10	打印输出地籍图（5分）	完成相应操作得分，否则无分	
			打印输出宗地图（5分）		
总分					

12. 试题编号：T-2-12　根据数据文件绘制等高线

考核技能点编号：J-2-5、J-2-6

（1）任务描述

现场提供观测数据文件，请利用绘图软件按 1∶500 比例尺完成等高线绘制工作。

（2）实施条件

同试题 T-2-10。

(3)考核时量

1 人独立完成,限时 120 分钟。

(4)评价标准

表 2-69　T-2-12 评价标准

序号	检测项目	标准分 100	考核标准	评分标准	得分
1	职业素养	5	清查给定的图纸、资料是否齐全,做好工作前准备	造成工具严重损坏,或严重违反考场纪律,造成恶劣影响的本大项记 0 分	
		10	严格遵守考场纪律		
		5	任务完成后,整齐摆放图纸、工具书、记录工具、凳子,整理工作台面等		
2	等高线绘制	70	按要求设置测图比例尺 1∶500(10 分)	完成相应操作得相应分数,有误则扣相应分数	
			生成 DTM(10 分)		
			三角网修改(10 分)		
			绘制等高距为 1 m 的等高线,并调整(20 分)		
			删三角网(10 分)		
			等高线修剪与注记(10 分)		
3	打印输出	10	打印输出地形图(10 分)	完成相应操作得分,否则无分	
			总分		

13. 试题编号:T-2-13　根据已有地形图完成陡坎线换向、修改墙宽、完成指定区域的植被填充、批量缩放文字等图形编辑操作

考核技能点编号:J-2-7

(1)任务描述

利用绘图软件,给定数字地形图,使用地籍绘图软件编辑,在 1∶500 比例尺地形图完成陡坎线换向、修改墙宽、完成指定区域的植被填充、批量缩放文字等图形编辑操作。(图现场提供)

(2)实施条件

同试题 T-2-10。

(3)考核时量

独立完成,限时 60 分钟。

(4)评分标准

表 2-70　T-2-13 评价标准

序号	检测项目	标准分 100	考核标准	评分标准	得分
1	准备工作	20	清查给定的图纸、资料、记录工具是否齐全,做好工作前准备(5 分)	造成工具严重损坏,或严重违反考场纪律,造成恶劣影响的本大项记 0 分	
			严格遵守考场纪律(10 分)		
			任务完成后,整齐摆放图纸、工具书、记录工具、凳子、整理工作台面等(5 分)		
2	地形图编辑	70	陡坎线换向(10 分)	完成相应操作得相应分数,有误则扣相应分数	
			修改墙宽(10 分)		
			完成指定区域的植被填充(10 分)		
			修改坎高(10 分)		
			批量缩放指定文字(10 分)		
			将折线复合线拟合(10 分)		
			指定窗口内图形存盘(10 分)		
3	打印输出	10	打印输出地形图(10 分)	完成相应操作得分,否则无分	
总分					

14. 试题编号:T-2-14　观测数据文件的批量修改、合并、分幅

考核技能点编号:J-2-7

(1)任务描述

使用绘图软件,根据提供的观测数据文件(现场提供)进行批量修改数据、数据合并、分幅等处理工作。

(2)实施条件

同试题 T-2-10。

(3)考核时量

独立完成,限时 60 分钟。

(4)评分标准

表 2-71　T-2-14 评价标准

序号	检测项目	标准分 100	考核标准	评分标准	得分
1	准备工作	20	清查给定的图纸、资料、记录工具是否齐全,做好工作前准备(5 分)	造成工具严重损坏,或严重违反考场纪律,造成恶劣影响的本大项记 0 分	
			严格遵守考场纪律(10 分)		
			任务完成后,整齐摆放图纸、工具书、记录工具、凳子,整理工作台面等(5 分)		

续表

序号	检测项目	标准分100	考核标准	评分标准	得分
2	批量修改坐标数据	50	打开输入指定保存路径的原始数据文件(10分)	完成相应操作得相应分数,有误则扣相应分数	
			指定保存路径输入更改后的数据文件名(10分)		
			按要求选择需处理的数据类型(10分)		
			按要求输入 $X/Y/H$ 改正值(10分)		
			按要求输入数据修改类型(10分)		
3	数据合并与分幅	30	按指定路径和文件名添加要合并的数据文件(10分)	完成相应操作得相应分数,有误则扣相应分数	
			按指定路径和文件名输入合并后的数据文件名(10分)		
			按指定路径和文件名将合并后的数据文件分幅(10分)		
总分					

15. 试题编号:T-2-15　根据观测数据文件展点、绘制图框

考核技能点编号:J-2-5、J-2-6

(1)任务描述

使用绘图软件,根据现场提供的数据观测文件进行展点、绘制图框等绘图处理工作。

(2)实施条件

同试题 T-2-10。

(3)考核时量

独立完成,限时 60 分钟。

(4)评分标准

表 2-72　T-2-15 评价标准

序号	检测项目	标准分100	考核标准	评分标准	得分
1	准备工作	20	清查给定的图纸、资料、记录工具是否齐全,做好工作前准备(5分)	造成工具严重损坏,或严重违反考场纪律,造成恶劣影响的本大项记 0 分	
			严格遵守考场纪律(10分)		
			任务完成后,整齐摆放图纸、工具书、记录工具、凳子,整理工作台面等(5分)		

续表

序号	检测项目	标准分 100	考核标准	评分标准	得分
2	展点等绘图工作	50	依指定路径的原始数据文件定绘图显示区(10分)	完成相应操作得相应分数,有误则扣相应分数	
			依指定路径的原始数据文件展野外测点点号(10分)		
			依指定路径的原始数据文件展野外测点编码(10分)		
			依指定路径的原始数据文件展野外测点点位(10分)		
			依指定路径的原始数据文件展野外测点高程(10分)		
3	绘制图框等工作	30	给绘图区域加方格网(10分)	完成相应操作得相应分数,有误则扣相应分数	
			对输入数据进行批量分幅并输出(10分)		
			按标准图幅绘制图框(10分)		
	总分				

16. 试题编号:T-2-16　根据草图进行地形图的补充绘制、地物编辑

考核技能点编号:J-2-5、J-2-6

(1)任务描述

使用绘图软件,根据图 2-22 所示草图及现场提供的已有地形图文件进行补充绘制、地物编辑等绘图处理工作。

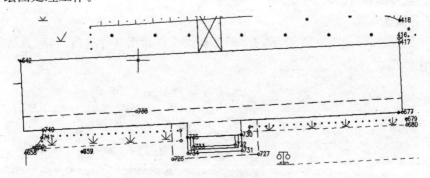

图 2-22　T-2-16 测量图

(2)实施条件

同试题 T-2-10。

(3)考核时量

独立完成,限时 60 分钟。

(4)评分标准

表 2-73　T-2-16 评价标准

序号	检测项目	标准分 100	考核标准	评分标准	得分
1	准备工作	20	清查给定的图纸、资料、记录工具是否齐全，做好工作前准备(5分) 严格遵守考场纪律(10分) 任务完成后，整齐摆放图纸、工具书、记录工具、凳子，整理工作台面等(5分)	造成工具严重损坏，或严重违反考场纪律，造成恶劣影响的本大项记0分	
2	地形图文字注记、展点工作	50	在图纸合适区域注记指定单位名称(10分) 注记指定点的坐标与高程(10分) 给砼、混房以指定字型注记文字(10分) 依给定的数据展平面导线控制点(10分) 依给定的数据展水准点、GPS点(10分)	完成相应操作得相应分数，有误则扣相应分数	
3	绘制房屋及其附属物	30	依给定草图绘制普通四点房屋(10分) 依给定草图绘制阳台(10分) 依给定草图绘制台阶(10分)	完成相应操作得相应分数，有误则扣相应分数	
			总分		

17. 试题编号：T-2-17　根据草图、观测数据文件进行道路、管线等图纸编辑

考核技能点编号：J-2-5、J-2-6

(1)任务描述

使用绘图软件，根据图 2-23 所示的草图和提供观测数据文件进行道路、管线等编辑绘图处理工作。

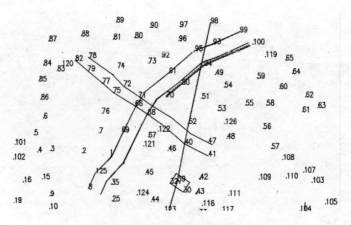

图 2-23　T-2-17 测量图

(2)实施条件

同试题 T-2-10。

(3)考核时量

独立完成,限时 60 分钟。

(4)评分标准

表 2-74　T-2-17 评价标准

序号	检测项目	标准分100	考核标准	评分标准	得分
1	准备工作	20	清查给定的图纸、资料、记录工具是否齐全,做好工作前准备(5分)	造成工具严重损坏,或严重违反考场纪律,造成恶劣影响的本大项记 0 分	
			严格遵守考场纪律(10分)		
			任务完成后,整齐摆放图纸、工具书、记录工具、凳子,整理工作台面等(5分)		
2	地形图公路绘制编辑工作	50	依据草图绘制平行等级公路(10分)	完成相应操作得相应分数,有误则扣相应分数	
			依据草图绘制乡村大车路虚实线边(10分)		
			依据草图绘制依比例涵洞(10分)		
			依据草图绘制一般公路桥(10分)		
			依据草图绘制加固路堑(10分)		
3	绘制输电线及附属物	30	依据草图绘制地面上的输电线(10分)	完成相应操作得相应分数,有误则扣相应分数	
			依据草图绘制依比例变电室(10分)		
			依据草图绘制上、下水检修井(10分)		
总分					

18. 试题编号:T-2-18　根据地形图文件完成查询、指定点生成数据文件

考核技能点编号:J-2-7

(1)任务描述

使用绘图软件,根据提供的地形图文件完成查询指定点坐标、查询指定边的边长、查询指定二点距离及方位、查询指定范围面积、依据草图指定点生成数据文件并保存、根据高程点生成数据文件并保存工作。

(2)实施条件

同试题 T-2-10。

(3)考核时量

独立完成,限时 60 分钟。
(4)评分标准

表 2-75　T-2-18 评价标准

序号	检测项目	标准分 100	考核标准	评分标准	得分
1	准备工作	20	清查给定的图纸、资料、记录工具是否齐全,做好工作前准备(5分)	造成工具严重损坏,或严重违反考场纪律,造成恶劣影响的本大项记0分	
			严格遵守考场纪律(10分)		
			任务完成后,整齐摆放图纸、工具书、记录工具、凳子,整理工作台面等(5分)		
2	工程查询操作	40	查询指定 A 点坐标(10分)	完成相应操作得相应分数,有误则扣相应分数	
			查询指定房屋边的边长(10分)		
			查询 A、B 点距离及方位(10分)		
			查询花圃范围面积(10分)		
4	数据处理	40	将房屋角点生成数据文件并保存(20分)	完成相应操作得相应分数,有误则扣相应分数	
			根据高程点生成数据文件并保存(20分)		
		总分			

19. 试题编号:T-2-19　根据地形图文件完成相应的土方计算等工程应用工作

考核技能点编号:J-2-7

(1)任务描述

使用绘图软件,根据提供的地形图文件完成相应的土方计算等工程应用工作。

(2)实施条件

同试题 T-2-10。

(3)考核时量

独立完成,限时 60 分钟。

(4)评分标准

表 2-76　T-2-19 评价标准

序号	检测项目	标准分 100	考核标准	评分标准	得分
1	准备工作	20	清查给定的图纸、资料、记录工具是否齐全,做好工作前准备(5分)	造成工具严重损坏,或严重违反考场纪律,造成恶劣影响的本大项记0分	
			严格遵守考场纪律(10分)		
			任务完成后,整齐摆放图纸、工具书、记录工具、凳子,整理工作台面等(5分)		

续表

序号	检测项目	标准分 100	考核标准	评分标准	得分
2	DTM法土方计算	40	依据草图圈定土方计算范围(10分)	完成相应操作得相应分数,有误则扣相应分数	
			输入给定的高程数据文件(10分)		
			输入给定的平场标高和边界采样间距(10分)		
			绘制土方计算表格(10分)		
4	方格网法土方计算	40	输入给定的高程数据文件(20分)	完成相应操作得相应分数,有误则扣相应分数	
			输入场地目标高程,修改方格宽度为10米,完成土方计算(20分)		
总分					

20. 试题编号:T-2-20 根据地形图完成数据采集等工程等应用工作

考核技能点编号:J-2-7

(1)任务描述

使用绘图软件,根据提供的地形图文件,图形(见图 2-24),完成放样数据的采集等工程应用工作。

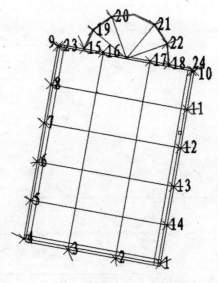

图 2-24 T-2-20 测量图

(2)实施条件

同试题 T-2-10。

(3)考核时量

独立完成,限时 60 分钟。

(4)评分标准

表 2-77 T-2-20 评价标准

序号	检测项目	标准分100	考核标准	评分标准	得分
1	准备工作	20	清查给定的图纸、资料、记录工具是否齐全,做好工作前准备(5分)	造成工具严重损坏,或严重违反考场纪律,造成恶劣影响的本大项记0分	
			严格遵守考场纪律(10分)		
			任务完成后,整齐摆放图纸、工具书、记录工具、凳子,整理工作台面等(5分)		
2	标记放样点位	40	将草图上标记的放样点标记在数字地形图上	完成相应操作得相应分数,有误则扣相应分数	
4	指定点生成数据文件	40	将放样点位的坐标输出保存至数据文件中	完成相应操作得相应分数,有误则扣相应分数	
总分					

21. 试题编号:T-2-21 根据观测数据文件和地形图进行测站改正等编辑工作

考核技能点编号:J-2-5

(1)任务描述

使用绘图软件,根据提供的地形图草图(图 2-25)及相关数据文件(见附件),完成测站改正等操作。

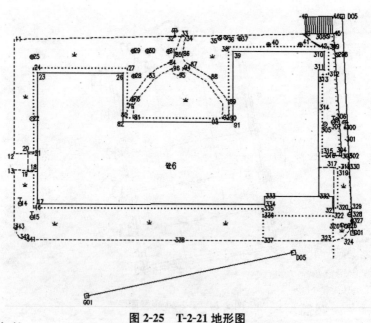

图 2-25 T-2-21 地形图

(2)实施条件

同试题 T-2-10。

(3)考核时量

独立完成,限时 60 分钟。

(4)评分标准

表 2-78 T-2-21 评价标准

序号	检测项目	标准分 100	考核标准	评分标准	得分
1	准备工作	20	清查给定的图纸、资料、记录工具是否齐全,做好工作前准备(5分)	造成工具严重损坏,或严重违反考场纪律,造成恶劣影响的本大项记0分	
			严格遵守考场纪律(10分)		
			任务完成后,整齐摆放图纸、工具书、记录工具、凳子,整理工作台面等(5分)		
2	展绘野外观测数据并绘图	40	展绘野外观测数据(20分)	完成相应操作得相应分数,有误则扣相应分数	
			依据草图绘制地形图(20分)		
4	指定数据完成测站改正操作	40	将绘制的地形图改正至正确位置(20分)	完成相应操作得相应分数,有误则扣相应分数	
			将初始数据完成测站改正并保存改正后的数据文件(20分)		
总分					

22. 试题编号:T-2-22 MAPGIS 软件的设置

考核技能点编号:J-2-8

(1)任务描述

根据提供的 MAPGIS(6.7 版本)安装程序,在指定计算机上完成安装 MAPGIS 平台的安装、正确设置系统环境,新建工程文件,并使对应文件分别处于打开、关闭和编辑状态,能打开系统自带的工程文件,并修改路径路径(图 2-26)。

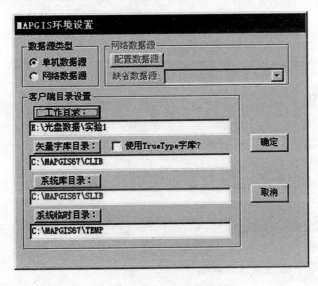

图 2-26 MAPGIS 环境设置

(2)实施条件

表 2-79　T-2-22 实施条件

项目	基本实施条件	备注
场地	数字化机房	必备
资料	系统内的工程文件	必备
设备	电脑(根据学生人数定);MAPGIS(6.7 版本)安装程序	必备
测评专家	考评员须熟知 MAPGIS 操作规范,熟练 MAPGIS 建库入库等操作方法	必备

(3)考试时量

1 人独立操作,限时 90 分钟。

(4)评价标准

表 2-80　T-2-22 评价标准

序号	检测项目	标准分 100	考核标准	评分标准	得分
1	准备工作	5	查看电脑完好,安装程序是否完整	错误扣 5 分	
2	程序安装	20	软件狗打开,程序安装正确	每项错误扣 10 分,扣完基本分为止	
3	系统设置	20	工作目录、矢量字库目录、系统库目录、系统临时目录设置正确	每项错误扣 5 分,扣完基本分为止	
4	文件的建立	25	会建立点、线、区文件建立,使三类文件分别处于打开、关闭、编辑状态	文件建立错误扣 5 分,状态设置错误扣 5 分,扣完基本分为止	
5	文件错误路径修改	15	打开系统自带工程文件,能修改工程文件路径	文件打开错误扣 5 分,不能修改文件路径扣 10 分,扣完基本分为止	
6	成果	15	目录设置准确,文件建立准确并处于三种状态下,工程文件错误路径修改准确	每项错误扣 5 分,扣完基本分为止	
			总分		

23. 试题编号:T-2-23　标准分幅影像的镶嵌配准

考核技能点编号:J-2-8

(1)任务描述

在 MAPGIS 操作平台上完成以下操作:

①将 TIF 和 JPG 文件转成 MAPGIS 可读的 MSI 文件

②对标准分幅的影像文件进行镶嵌配准,提交配准后影像。

(2)实施条件

①"资料"项目的基本实施条件为:TIF 和 JPG 格式文件及待配准的标准分幅影像数据文件。

②其他项目的基本实施条件同试题 T-2-22。

(3)考试时量

1 人独立操作,限时 90 分钟。

(4)评价标准

表 2-81　T-2-23 评价标准

序号	检测项目	标准100	考核标准	评分标准	得分
1	准备工作	10	电脑完好,软件狗打开	错误扣 10 分	
2	数据转换	20	TIF 数据转换,JPG 数据转换	每项错误扣 15 分,扣完基本分为止	
3	标准分幅影像校正	50	打开影像(10 分)	正确得相应分数,错误扣除相应分数	
			图幅生成控制点(20 分)		
			顺序修改控制点(10 分)		
			逐格网校正(10 分)		
4	成果	20	格式转换准确,标准图幅校正准确	每项错误扣 10 分,扣完基本分为止	
总分					

24. 试题编号:T-2-24　非标准分幅影像的镶嵌配准

考核技能点编号:J-2-8

(1)任务描述

在 MAPGIS 操作平台上完成以下操作:

①将 TIF 和 JPG 文件转成 MAPGIS 可读的 MSI 文件。

②利用提供的标准线文件对非标准分幅的影像进行配准,提交配准后的影像文件。

(2)实施条件

①"资料"项目的基本实施条件为:TIF 和 JPG 格式文件、标准线文件及对应的待配准的影像文件。

②其他项目的基本实施条件同试题 T-2-22。

(3)考试时量

1 人独立操作,限时 120 分钟。

(4)评价标准

表 2-82　T-2-24 评价标准

序号	检测项目	标准100	考核标准	评分标准	得分
1	准备工作	10	电脑完好,软件狗打开	正确 10 分	
2	数据转换	20	TIF 数据转换,JPG 数据转换	每项正确 10 分	
3	非标准分幅影像校正	50	打开影像(5 分)	正确得相应分数,错误扣除相应分数	
			打开参照线文件(5 分)		
			删除所有控制点(5 分)		
			添加控制点(15 分)		
			校正预览(10 分)		
			影像精校正(10 分)		
4	成果	20	格式转换准确(10 分)	正确得相应分数,错误扣除相应分数	
			非标准图幅校正准确(10 分)		
总分					

25. 试题编号:T-2-25 影像的镶嵌配准

考核技能点编号:J-2-8

(1)任务描述

在 MAPGIS 操作平台上完成以下操作:

①将 TIF 和 JPG 文件转成 MAPGIS 可读的 MSI 文件。

②对提供的左右两幅影像进行镶嵌,提交镶嵌后的影像文件。

(2)实施条件

①"资料"项目的基本实施条件为:待镶嵌的影像文件。

②其他项目的基本实施条件同试题 T-2-22。

(3)考试时量

1 人独立操作,限时 120 分钟。

(4)评价标准

表 2-83 T-2-25 评价标准

序号	检测项目	标准100	考核标准	评分标准	得分
1	准备工作	10	电脑完好,软件狗打开	错误扣 10 分	
2	数据转换	20	TIF 数据转换,JPG 数据转换	每项错误扣 10 分,扣完基本分为止	
3	影像拼接镶嵌	50	打开影像(10分) 删除所有控制点(10分) 添加控制点(20分) 校正预览,影像镶嵌(10分)	正确得相应分数,错误扣除相应分数	
4	成果	20	格式转换准确(10分) 图像镶嵌准确(10分)	正确得相应分数,错误扣除相应分数	
总分					

26. 试题编号:T-2-26 拓扑造区

考核技能点编号:J-2-8

(1)任务描述

在 MAPGIS 平台上完成如下工作:

①根据提供的线文件进行编辑,拓扑造区。

②对照图件进行地名的标注。

③输出指定范围的 MAPGIS 文件。

(2)实施条件

①"资料"项目的基本实施条件为:线文件。

②其他项目的基本实施条件同试题 T-2-22。

(3)考试时量

1 人独立操作,限时 120 分钟。

(4)评价标准

表 2-84　T-2-26 评价标准

序号	检测项目	标准分 100	考核标准	评分标准	得分
1	准备工作	10	查看电脑完好,软件狗打开	错误扣 10 分	
2	线文件改错	50	线节点平差(10 分)	正确得相应分数,错误扣除相应分数	
			清除微短线(5 分)		
			线坐标点重叠(10 分)		
			线相交(5 分)		
			线不封闭(10 分)		
			自动剪断线(10 分)		
3	区操作	20	拓扑造区	正确 20 分	
4	成果	20	线文件改错准确,拓扑造区准确,点文件编辑准确,工程裁剪准确	每项错误扣 5 分,扣完基本分为止	
总分					

27. 试题编号:T-2-27　区文件标注及工程输出

考核技能点编号:J-2-8

(1)任务描述

在 MAPGIS 平台上完成如下工作:

①根据提供的区文件进行编辑,对照图件进行地名的标注。

②输出指定范围的 MAPGIS 文件。

(2)实施条件

①"资料"项目的基本实施条件为:区文件及影像文件。

②其他项目的基本实施条件同试题 T-2-22。

(3)考试时量

1 人独立操作,限时 90 分钟。

(4)评价标准

表 2-85　T-2-27 评价标准

序号	检测项目	标准分 100	考核标准	评分标准	得分
1	准备工作	10	查看电脑完好,软件狗打开	错误扣 10 分	
2	点操作	40	注释编辑,子图编辑	每项错误扣 20 分,扣完基本分为止	
3	工程裁剪	30	装入裁剪框,开始裁剪	每项错误扣 15 分,扣完基本分为止	
4	成果	20	点文件编辑准确,工程裁剪准确	每项错误扣 10 分,扣完基本分为止	
总分					

28. 试题编号：T-2-28　制作图例板

考核技能点编号：J-2-8

（1）任务描述

在 MAPGIS 平台上对图件定制相应的图例板。

（2）实施条件

①"资料"项目的基本实施条件为图件。

②其他项目的基本实施条件同试题 T-2-22。

（3）考试时量

1 人独立操作，限时 90 分钟。

（4）评价标准

表 2-86　T-2-28 评价标准

序号	检测项目	标准分 100	考核标准	评分标准	得分
1	准备工作	10	查看电脑完好，软件狗打开	错误扣 10 分	
2	数据打开	20	目录的设置，栅格数据打开	每项错误扣 10 分，扣完基本分为止	
3	图例板制作	50	新建工程图例，关联图例文件，打开图例文件	缺 1 个图例项扣 2 分，图例参数设置错误 1 个扣 2 分，扣完基本分为止	
4	成果	20	图例文件建立准确，数据分层正确	每项错误扣 10 分，扣完基本分为止	
总分					

29. 试题编号：T-2-29　图件的矢量化

考核技能点编号：J-2-8

（1）任务描述

在 MAPGIS 平台上完成对指定图件的矢量化，要求不同地类分不同文件进行管理，并将矢量后图件进行裁剪输出，并输出 JPG 格式图形。

（2）实施条件

①"资料"项目的基本实施条件为：校正好的影像文件。

②其他项目的基本实施条件同试题 T-2-22。

（3）考试时量

1 人独立操作，限时 120 分钟。

（4）评价标准

表 2-87　T-2-29 评价标准

序号	检测项目	标准分 100	考核标准	评分标准	得分
1	准备工作	10	查看电脑完好,软件狗开	错误扣 10 分	
2	数据打开	20	目录的设置(5 分) / 栅格数据打开(10 分) / 读图、分层(5 分)	正确得相应分数,错误扣除相应分数	
3	数据输入	50	点、线、区文件建立及操作	缺少 1 个图元扣 5 分,扣完基本分为止	
4	数据输出	10	页面设置,生成 JPG	每项错误扣 5 分,扣完基本分为止	
5	成果	10	数据输入正确,生成 JPG 准确	每项错误扣 5 分,扣完基本分为止	
总分					

30. 试题编号:T-2-30　属性管理

考核技能点编号:J-2-9

(1)任务描述

根据提供的数据,在 MAPGIS 平台上完成以下操作:

①把区文件中满足一定面积大于 3 000 的图元参数修改为填充颜色为 193,填充图案为 15,图案高度和宽度都为 50。

②将线文件和对应的属性表格进行挂接,提交经过属性挂接的线文件;

③把区文件中属性字段尚不完整的图元全部赋予正确的属性数据,然后将其导出为 XLS 文件。

(2)实施条件

①"资料"项目的基本实施条件为:所提供的点线面文件。

②其他项目的基本实施条件同试题 T-2-22。

(3)考试时量

1 人独立操作,限时 120 分钟。

(4)评价标准

表 2-88　T-2-30 评价标准

序号	检测项目	标准分 100	考核标准	评分标准	得分
1	准备工作	5	查看电脑完好,软件狗打开	错误扣 5 分	
2	文件图元对应的属性数据	15	建立文件的属性结构(10 分) / 输入图元对应的属性数据(5 分)	正确得相应分数,错误扣除相应分数	
3	参数与属性互相赋值	30	能根据参数赋属性,能根据属性赋参数	每项错误扣 15 分,扣完基本分为止	

续表

序号	检测项目	标准分100	考核标准	评分标准	得分
4	MAPGIS内部属性表的导入、导出与连接	40	属性连接操作正确	操作不正确扣40分	
5	成果	10	属性链接准确度,属性表导入导出正确度	每项错误扣5分,扣完基本分为止	
总分					

31. 试题编号:T-2-31　图框的生成

考核技能点编号:J-2-9

(1)任务描述

在 MAPGIS 平台上,完成如下操作:

①利用提供的最小最大经纬度值自动生成1:50 000的非标准图框。

②利用提供的图幅号生成1:10 000的标准图框

(2)实施条件

①"资料"项目的基本实施条件为:含最小最大经纬度值和图幅号的 TXT 文本文件。

②其他项目的基本实施条件同试题 T-2-22。

(3)考试时量

1人独立操作,限时90分钟。

(4)评价标准

表2-89　T-2-31 评价标准

序号	检测项目	标准分100	考核标准	评分标准	得分
1	准备工作	10	查看电脑完好,软件狗打开	错误扣10分	
2	图框的自动生成	70	标准图框生成,非标准图框生成	每项错误扣35分,扣完基本分为止	
3	成果	20	图框生成正确	错误扣20分	
总分					

32. 试题编号:T-2-32　缓冲区分析及叠加分析

考核技能点编号:J-2-10

(1)任务描述

利用 MAPGIS 平台空间分析功能完成以下操作:

①根据提供的线文件,提交半径为20的缓冲区文件,以自己名字保存。

②根据提供的两个区文件,采用相减、判别两种方式进行矢量叠加的结果文件。

（2）实施条件

①"资料"项目的基本实施条件为：线文件、区文件。

②其他项目的基本实施条件同试题 T-2-22。

（3）考试时量

1 人独立操作，限时 90 分钟。

（4）评价标准

表 2-90　T-2-32 评价标准

序号	检测项目	标准分100	考核标准	评分标准	得分
1	准备工作	10	查看电脑完好，软件狗打开	错误扣 10 分	
2	缓冲区分析	30	打开文件（5 分）	正确得相应分数，错误扣除相应分数	
			建立缓冲区（5 分）		
3	矢量叠加分析	40	区对区相减分析（20 分）	正确得相应分数，错误扣除相应分数	
			区对区辨别分析（20 分）		
4	成果	20	缓冲区建立准确（10 分）	正确得相应分数，错误扣除相应分数	
			矢量叠加分析准确（10 分）		
总分					

33. 试题编号：T-2-33　DTM 分析

考核技能点编号：J-2-10

（1）任务描述

利用提供的等高线文件绘制彩色立体等值线图。

（2）实施条件

①"资料"项目的基本实施条件为：等高线文件。

②其他项目的基本实施条件同试题 T-2-22。

（3）考试时量

1 人独立操作，限时 90 分钟。

（4）评价标准

表 2-91　T-2-33 评价标准

序号	检测项目	标准分100	考核标准	评分标准	得分
1	准备工作	10	查看电脑完好，软件狗打开	错误扣 10 分	
2	地形分析	70	生成 DTM 模型（50 分）	正确得相应分数，错误扣除相应分数	
			显示彩色等值线图（20 分）		
3	成果	20	地形分析准确	分析错误扣 20 分	
总分					

34. 试题编号: T-2-34　用 MAPGIS 软件进行地形图绘制

考核技能点编号: J-2-8、J-9-9

(1)任务描述

在 MAPGIS 平台上,根据 RTK 采集的野外数据文件和草图用 MAPGIS 软件进行地形图的绘制,要求正确导入 GPS 点,绘制地物,生产 DXF 文件和 MPJ 文件。

(2)实施条件

①"资料"项目的基本实施条件为:野外测得 GPS 点位坐标及草图。

②其他项目的基本实施条件同试题 T-2-22。

(3)考试时量

1 人独立操作,限时 120 分钟。

(4)评价标准

表 2-92　T-2-34 评价标准

序号	检测项目	标准分 100	考核标准	评分标准	得分
1	准备工作	5	查看电脑完好,软件狗打开	错误扣 5 分	
2	GPS 点导入	15	目录设置(5 分)	正确得相应分数,错误扣除相应分数	
			建立测量工程文件(5 分)		
			GPS 点导入(5 分)		
3	新建地物	40	地物及注记正确等	缺一项扣 2 分,扣完基本分为止	
4	图形转换	20	转换成 DXF 格式(10 分)	正确得相应分数,错误扣除相应分数	
			转换成 MPJ 格式(10 分)		
5	成果	20	测量文件建立准确(5 分)	正确得相应分数,错误扣除相应分数	
			GPS 点导入准确(5 分)		
			新建地物准确(5 分)		
			图形格式转换准确(5 分)		
	总分				

35. 试题编号: T-2-35　文件入库及接边

考核技能点编号: J-2-9

(1)任务描述

在 MAPGIS 平台上完成如下操作:

①将指定文件夹下的文件入库、接边,并将结果以一个整的工程输出。

②将指定图框文件打开,按默认接边并且将其中 KU1 和 KU2 两个图幅输出。

(2)实施条件

①"资料"项目的基本实施条件为:入库文件及接边文件。

②其他项目的基本实施条件同试题 T-2-22。

(3)考试时量

1 人独立操作,限时 120 分钟。

(4)评价标准

表 2-93　T-2-35 评价标准

序号	检测项目	标准分100	考核标准	评分标准	得分
1	准备工作	5	查看电脑完好,软件狗打开	错误扣 5 分	
2	文件批量入库	40	新建图库(10 分)	正确得相应分数,错误扣除相应分数	
			编辑图库层类管理器(10 分)		
			图幅文件批量入库(15 分)		
3	地图的无缝拼接	30	设置图库接边参数(5 分)	正确得相应分数,错误扣除相应分数	
			启动接边(10 分)		
			接边并保存(5 分)		
4	图幅数据的输出	10	图幅数据预览输出	错误扣 10 分	
5	成果	15	图库建立准确度(5 分)	正确得相应分数,错误扣除相应分数	
			接边准确度(5 分)		
			图件输出清晰美观(5 分)		
总分					

三、工程测量模块

1. 试题编号:T-3-1　市政道路中桩放线

考核技能点编号:J-3-1、J-3-2

(1)任务描述

依据市政道路平面图、逐桩坐标表、施工区控制点利用全站仪进行市政道路 K0+140、K0+145、K0+150 定位、放线并完成相关表格的记录(相关图纸资料见附件图)。每人完成一个点的相关工作。

(2)实施条件

表 2-94　T-3-1 实施条件

项目	基本实施条件	备注
场地	布设至少有两个控制点	必备
资料	至少有两个控制点的坐标及高程数据及相关放样图纸	必备
设备	全站仪、棱镜及脚架	必备
工具	50 m 钢尺、5 m 钢卷尺、锤子、木桩、钉子若干	必备
测评专家	考评员须为测绘专业毕业,熟知市政道路施工测量规范,从事过市政道路施工工作 2 年以上的教师或一线技术人员	必备

(3)考试时量

3 人为一小组,每人限时 30 分钟。

(4)评价标准

表 2-95　T-3-1 评价标准

序号	检测项目	标准分 100	考核标准	评分标准	得分
1	制定测量方案	10	制定测量方案合理，符合工程测量规范要求	不符合规范要求的每处扣 3 分	
2	测设数据计算	20	依据图纸计算各放样点的坐标	每计算错一处扣 5 分	
3	路线中桩点放样	35	依据控制点使用全站仪进行坐标放样，仪器操作熟练、方法正确	每操作错误一处扣 5 分	
4	检核	20	每放出一个点观测其坐标与计算值进行比较，偏差应在 3 cm 范围内	每超限一处扣 5 分	
5	安全文明施工	5	不遵守安全操作规程、工完场不清或有事故本项无分。施工前准备、施工中工具正确使用，完工后正确维护	每违规一次扣 1 分	
6	时间	10	按规定时间完成	每超过 1 分钟扣 1 分	
总分					

表 2-96　已知点坐标

点号	坐标		
	X(m)	Y(m)	
G_1	107 915.687	57 207.906	
G_2	107 914.894	57 217.489	
G_3	107 987.345	57 213.498	
G_4	107 984.953	57 204.397	

表 2-97　里程桩定位数据计算成果及定位检核表

点号	里程桩号	设计坐标		实放坐标		X 偏差 (mm)	Y 偏差 (mm)
		X(m)	Y(m)	X(m)	Y(m)		
1	K0+140						
2	K0+145						
3	K0+150						
4							

表 2-98　××市政道路工程逐桩坐标表

里程桩号	X 坐标(m)	Y 坐标(m)
K0+100.00	107 955.800	56 803.480
K0+120.00	107 947.855	56 821.834
K0+140.00	107 939.910	56 840.188
K0+160.00	107 931.964	56 858.542
K0+180.00	107 924.019	56 876.897

2. 试题编号：T-3-2　曲线道路中桩点坐标放样数据计算及放样

考核技能点编号：J-3-1、J-3-2

（1）任务描述

依据道路平面图、曲线要素表、施工区控制点,进行 A 匝道 K0+10、K0+15、K0+20 定位、放线并完成相关表格的记录(相关图纸资料见附件)。每人完成全部计算和一个点的放样。

(2)实施条件

同试题 T-3-1。

(3)考试时量

3 人为一小组,限时 40 分钟。

(4)评价标准

同试题 T-3-1。

表 2-99　里程桩定位数据计算成果及定位检核表

点号	里程桩号	设计坐标		实放坐标		X 偏差 (mm)	Y 偏差 (mm)
		X(m)	Y(m)	X(m)	Y(m)		
1	K0+10						
2	K0+15						
3	K0+20						

表 2-100　A 匝道曲线要素表

其中圆曲线半径 $R=125$ m,线路右偏。

点名	桩号	X(m)	Y(m)
QD	K0+000	543 773.78	382 086.322
ZH1	K0+071.983	543 840.697	382 059.795
HY1	K0+168.783	543 933.899	382 036.143
YH1	K0+293.842	544 000.997	382 056.461
HZ1	K0+312.042	544 052.596	382 106.58
ZD	K0+401.515	544 110.491	382 174.796

3. 试题编号:T-3-3　公路曲线中桩点坐标放样数据计算及放样

考核技能点编号:J-3-1、J-3-2

(1)任务描述

依据公路平面图、曲线要素表、施工区控制点,进行 A 匝道 K0+30、K0+35、K0+40 定位、放线并完成相关表格的记录(相关图纸资料见附件)。每人完成全部计算工作和一个点的放样工作

(2)实施条件

同试题 T-3-1。

(3)考试时量

3 人为一小组,每人限时 40 分钟。

(4)评价标准

同试题 T-3-1。

表 2-101 里程桩定位数据计算成果及定位检核表

点号	里程桩号	设计坐标		实放坐标		X 偏差 (mm)	Y 偏差 (mm)
		X(m)	Y(m)	X(m)	Y(m)		
1	K0+30						
2	K0+35						
3	K0+40						

表 2-102 A 匝道曲线要素表

其中圆曲线半径 $R=125$ m,线路右偏 。

点名	桩号	X(m)	Y(m)
QD	K0+000	563 773.78	302 086.322
ZH1	K0+071.983	563 840.697	302 059.795
HY1	K0+168.783	563 933.899	302 036.143
YH1	K0+293.842	564 000.997	302 056.461
HZ1	K0+312.042	564 052.596	302 106.58
ZD	K0+401.515	564 110.491	302 174.796

4. 试题编号:T-3-4 道路中桩点高程放样数据计算及放样

考核技能点编号:J-3-1、J-3-2

(1)任务描述

依据纵坡、竖曲线表,施工区控制点,进行高程放线,完成 K26+895、K26+900、K26+905、K26+910 定位放线,并完成相关表格的记录(相关图纸资料见附件)。完成所有计算工作并完成一个点的放样工作。

(2)实施条件

表 2-103 T-3-4 实施条件

项目	基本实施条件	备注
场地	布设至少有两个控制点	必备
资料	至少有两个控制点的坐标及高程数据及相关放样图纸	必备
设备	DS3 型水准仪及脚架、区隔式水准标尺	必备
工具	50 m 钢尺、5 m 钢卷尺、锤子、木桩、钉子若干	必备
测评专家	考评员须为测绘专业毕业,熟知市政道路施工测量规范,从事过市政道路施工测量工作 2 年以上的教师或一线技术人员	必备

(3)考试时量

3 人为一小组,限时 40 分钟。

(4)评价标准

表 2-104 T-3-4 评价标准

序号	检测项目	标准分 100	考核标准	评分标准	得分
1	制定测量方案	10	制定测量方案合理,符合工程测量规范要求	不符合规范要求的每处扣 3 分	
2	测设数据计算	20	依据图纸计算各放样点的高程	每计算错一处扣 5 分	
3	路线中桩点放样	35	依据控制点采用 DS3 型水准仪进行高程放样,仪器操作熟练、方法正确	每操作错误一处扣 5 分	

续表

序号	检测项目	标准分 100	考核标准	评分标准	得分
4	检核	20	每放出一个点观测其高程与计算值进行比较,偏差应在 2 cm 范围内;	每超限一处扣 5 分	
6	安全文明施工	5	不遵守安全操作规程、工完场不清或有事故本项无分。施工前准备、施工中工具正确使用,完工后正确维护	每违规一次扣 1 分	
7	时间	10	按规定时间完成	每超过一分钟扣 1 分	
总分					

表 2-105　已知点高程

点号	坐标		高程
	X(m)	Y(m)	H(m)
G1			7.256
G2			6.941
G3			7.654
G4			7.778

表 2-106　里程桩定位数据计算成果及定位检核表

点号	里程桩号	设计高程	实放高程	高程 H 偏差
		H(m)	H(m)	(mm)
1	K26+895			
2	K26+900			
3	K26+905			
4	K26+910			

5. 试题编号:T-3-5　公路中桩点高程放样数据计算及放样

考核技能点编号:J-3-1、J-3-2

(1)任务描述

依据公路的纵坡、竖曲线表,施工区控制点,进行高程放线,完成 K27+100、K27+105、K27+110、K27+115 定位放线,并完成相关表格的记录(相关图纸资料见附件)。每人完成所有计算并放样一个点的高程。

(2)实施条件

同试题 T-3-4。

(3)考试时量

3 人为一小组,每人限时 30 分钟。

(4)评价标准

同试题 T-3-4。

表 2-107　里程桩定位数据计算成果及定位检核表

点号	里程桩号	设计高程 H(m)	实放高程 H(m)	高程 H 偏差（mm）
1	K27+100			
2	K27+105			
3	K27+110			
4	K27+115			

6. 试题编号：T-3-6　铁路中桩点高程放样数据计算及放样

考核技能点编号：J-3-1、J-3-2

（1）任务描述

依据铁路的纵坡、竖曲线表，施工区控制点，进行高程放线，完成 K28+120、K28+125、K28+130、K28+135 定位放线，并完成相关表格的记录（相关图纸资料见附件）。

（2）实施条件

同试题 T-3-4。

（3）考试时量

3 人为一小组，限时 120 分钟。

（4）评价标准

同试题 T-3-4。

7. 试题编号：T-3-7　建筑物±0 标高设计及测量填挖土石方

考核技能点编号：J-3-3

（1）任务描述

某工地，将进行建筑施工，周边有一已知高程点（现场给定其高程值），请对指定的区域进行实地量测，设计出合理的设计高程，并计算填挖土石方量。每人测 8 个点，点距 5 m×5 m。

（2）实施条件

表 2-108　T-3-7 实施条件

项目	基本实施条件	备注
场地	模拟将施工现场	必备
资料	水准点及其成果资料	必备
仪器设备	水准仪、标尺、脚架	必备
工具及其他	50 m 皮尺、记录用夹板、5 m 钢卷尺、锤子、木桩、钉子若干、记录用手簿、稿纸等	必备
测评专家	考评员须为测绘专业毕业，2 年以上从事建筑施工测量一线工作经验的技术人员或 2 年以上工程测量技术专业教学经验的测量课教师担任	必备

（3）考试时量

2 人为 1 小组，每人 40 分钟。

（4）评价标准

表 2-109 T-3-7 评价标准

序号	检测项目	标准分 100	考核标准	扣分	得分
1	检测前的准备	5	清理、检查给定的资料、工具是否齐全,检查仪器是否正常,做好工作前准备	每漏掉一项(处)扣 1 分;扣完为止	
2	安全文明施工	5	不遵守安全操作规程、工完场不清或有事故本项无分。施工前准备、施工中工具正确使用,完工后正确维护		
3	操作的规范性	20	严格遵守考场纪律,不浪费材料和损坏考试仪器及设施。任务完成后,整齐摆放测量仪器、图纸、工具书、记录工具、凳子,整理工作台面等,有良好的安全意识和环境保护意识	扰乱考场纪律扣 1~5 分;不尊重监考老师扣 1~5 分。仪器操作按执行附件中扣分标准	
4	方格网标定	10	方格标定正确	错一处扣 1 分	
5	高程测量	20	各方格网点高程测定正确	错一处扣 2 分	
6	土石方计算	20	计算方法正确、数据准确	错一处扣 2 分	
7	检核	10	满足工程测量规范要求	不满足要求扣 10 分	
8	工效	10	按完成时间给分	规定时间内未完成得 0 分,规定时间内完成得 6 分,规定时间的 60%内完成得 10 分	
			总分		

8. 试题编号:T-3-8 RTK 土方测量

考核技能点编号:J-3-7、J-3-8

(1)任务描述

现场给定两个控制点坐标和高程,指定红线边界,请在用 RTK 对其进行测量,设计±0 标高,求出土方量。

(2)实施条件

表 2-110 T-3-8 实施条件

项目	基本实施条件	备注
场地	现场布设控制点 2 个,规则的标定了范围的区域	必备
资料	两个控制点的坐标和高程(现场给定)	必备
设备	RTK	必备
工具	笔(自带)、钉子、锤子、2 m 小钢尺、稿纸、计算器	必备
测评专家	考评员须为测绘专业毕业,熟知工程测量规范,从事过工程测量工作 2 年以上的教师或一线技术人员	必备

(3)考试时量

1 人独立作业,时间 30 分钟。

（4）评价标准

表 2-111　T-3-8 评价标准

序号	检测项目	标准分	考核标准	评分标准	得分
1	职业素养	5	作业前仔细检查全站仪和辅助工具工作是否正常,材料是否齐全,做好工作前准备	工作有序、检查到位得满分;检查或归位每漏掉一项(处)扣1分;扣完为止	
		5	任务完成后将清点好材料、记录表格和辅助工具,不损坏辅助工具、资料及设施,有良好的环境保护意识	材料、工具摆放有序;未摆放材料、工具扣2分	
		10	严格遵守考场纪律,能正确处理好与监考老师的关系	严守纪律,尊重监考老师不为评分标准	
2	职业技能	20	RTK 仪器操作熟练,依据控制点各项检校正确	未检校或校对不正确为零分;操作不熟练扣10分	
		20	利用 RTK 点的测量	测错一点扣1分,记录错一个扣1分	
		20	利用 RTK 进行横断面测量并做好记录	测错一点扣1分,记录错一个扣1分	
		5	不遵守安全操作规程、完工不清场或有事故本项无分。施工前准备、施工中工具正确使用,完工后正确维护	一项不符合要求扣5分	
		5	按完成时间给分	在规定时间内完成记5分,每超1分钟扣1分	
	总分				

9. 试题编号:T-3-9　绘制指定线路断面图

技能点编号 J-3-1、J-3-4

（1）任务描述

为了进行填挖土（石）方量的概算,以及合理地确定线路的纵坡等,都需要了解沿线路方向的地面起伏情况。假设如图 2-27 所示地形,试沿 MN 方向绘制断面图（以高程为纵轴,距离为横轴）。

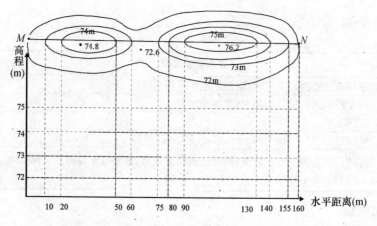

图 2-27　T-3-9 地形图

（2）实施条件

表 2-112　T-3-9 实施条件

项目	基本实施条件	备注
场地	工作台	必备
资料	图纸、绘有指定起讫点的线路方向	必备
工具	笔（自带）、直尺、分规等	必备
测评专家	考评员须为测绘专业毕业，熟知工程测量规范，从事过工程测量工作 2 年以上的教师或一线技术人员	必备

（3）考试时量

40 分钟，1 人独立完成。

（4）评价标准

表 2-113　T-3-9 评价标准

序号	检测项目	标准分 100	考核标准	评分标准	得分
1	职业素养	5	作业前仔细检查工具、资料是否正常和齐全，做好工作前准备	工作有序、检查到位得满分；检查或归位每漏掉一项（处）扣 1 分；扣完为止	
		5	任务完成后清点好材料、记录表格和辅助工具，不损坏辅助工具、资料及设施，有良好的环境保护意识		
		10	严格遵守考场纪律，能正确处理好与监考老师的关系	不尊重监考老师扣 4 分，顶撞监考人员扣 10 分	
2	绘制坐标轴	10	正确选取内容作为绘制断面图的纵横坐标轴	选取错误扣 5 分	
3	比例尺选取	10	合理选取纵横轴比例尺	不合理扣 10 分	
4	坐标轴上数据标注	30	依图按位置正确标注坐标轴上的各分点处的数据	每错 1 处扣 2 分	
5	断面图绘制	30	线条光滑而正确	每错一处扣 5 分，线条不光滑扣 5 分	
			总分		

10. 试题编号：T-3-10　线路中线横断面测量及断面图绘制

技能点编号：J-3-4

（1）任务描述

在校园内给出某线路工程中线上的里程桩 0+050，要求在中线左右两侧各测 20 m，并将数据填入横断面测量记录表中。同时，根据外业数据在方格网上绘制横断面图。每人观测两个断面。

（2）实施条件

表 2-114　T-3-10 实施条件

项目	基本实施条件	备注
场地	一段狭长的地形(100 m 左右)	必备
资料	地形图、设计图	必备
设备	水准仪、脚架 1 个、双面水准标尺	必备
工具	测伞、皮尺、方格纸	必备
测评专家	考评员须为测绘专业毕业,熟知工程测量规范,从事过工程测量工作 2 年以上的教师或一线技术人员	必备

(3)考试时量

2 人共同完成,每人作业时间为 40 分钟。

(4)评价标准

表 2-115　T-3-10 评价标准

序号	检测项目	标准分 100	考核标准	评分标准	得分
1	职业素养	10	作业前仔细查看仪器、资料、设备并对仪器进行检查,方法正确,脚螺旋旋回至中间位置。做好工作前准备	工作有序、检查到位得满分;检查或归位每漏掉一项(处)扣 1 分;扣完为止	
		5	任务完成后清点好材料、记录表格和辅助工具,不损坏辅助工具、资料及设施,有良好的环境保护意识		
		5	严格遵守考场纪律,能正确处理好与监考老师的关系	不尊重监考老师扣 2 分,顶撞监考人员扣 5 分	
2	记录	10	记录整齐、整洁、字体工整,无涂改	划改扣 1 分/次	
3	测量过程	30	变坡点的选择、高差、平距的测量	错漏一次扣 2 分	
4	横断面的绘制	20	符合要求,且整洁、字体工整,无涂改	划改扣 1 分/次	
5	安全文明施工	10	不遵守安全操作规程、工完场不清或有事故本项无分。施工前准备、施工中正确使用仪器、完工后正确放置和维护仪器	违反一处扣 1 分	
6	工效	10	不超过规定时间	每超过 1 分钟扣 1 分	
			总分		

11. 试题编号:T-3-11　绘制纵横断面图

考核技能点编号:J-3-4

(1)任务描述

现场给定线路中桩、横断面和控制点数据,利用南方 CASS 绘图软件进行纵横断面图绘制。

(2)实施条件

表 2-116　T-3-11 实施条件

项目	基本实施条件	备注
场地	机房	必备
资料	线路中桩、横断面和控制点数据	必备
设备	电脑、南方 CASS 7.0 绘图软件	必备
工具	笔(自带)	必备
测评专家	考评员须为测绘专业毕业,熟知道路勘测规范,从事过道路工程测量工作2 年以上的教师或一线技术人员	必备

(3)考试时量

40 分钟。1 人独立完成。

(4)评价标准

表 2-117　T-3-11 评价标准

序号	检测项目	标准分100	考核标准	评分标准	得分
1	职业素养	5	作业前仔细检查电脑及绘图软件工作是否正常,做好工作前准备	工作有序、检查到位得满分;检查或归位每漏掉一项(处)扣 1 分;扣完为止	
		5	清点好资料及设施,有良好的环境保护意识		
		10	严格遵守考场纪律,能正确处理好与监考老师的关系	不尊重监考老师扣 4 分,顶撞监考人员扣 10 分	
2	操作技能	10	能将测量数据导入电脑	出错扣 10 分	
		20	能进行纵断面图的绘制	出错扣 30 分	
		30	能进行横断面图绘制	出错一个扣 5 分	
		10	不遵守安全操作规程、做完后不清理桌面	一项不符合要求扣 5 分	
		10	按完成时间给分	规定时间内未完成得 0 分,规定时间内完成得 6 分,规定时间的60%内完成得 10 分	
总分					

12. 试题编号:T-3-12　RTK 测量纵、横断面图

考核技能点编号:J-3-4

(1)任务描述

现场给定两个控制点坐标和指定线路,请在指定的场地利用 RTK 测绘纵、横断面图测量,完成相关表格的记录。

(2)实施条件

表 2-118　T-3-12 实施条件

项目	基本实施条件	备注
场地	现场布设控制点 2 个	必备
资料	道路中线坐标资料	必备
设备	RTK、木桩、钉子、锤子、2 m 小钢尺	必备
工具	笔(自带)	必备
测评专家	考评员须为测绘专业毕业,熟知道路勘测规范,从事过道路工程测量工作2 年以上的教师或一线技术人员	必备

(3)考试时量

2人共同完成。每人30分钟。

(4)评价标准

表 2-119　T-3-12 评价标准

序号	检测项目	标准分	考核标准	评分标准	得分
1	职业素养	5	作业前仔细检查全站仪和辅助工具工作是否正常，材料是否齐全，做好工作前准备	工作有序、检查到位得满分；检查或归位每漏掉一项(处)扣 1 分；扣完为止	
		5	任务完成后将清点好材料、记录表格和辅助工具，不损坏辅助工具、资料及设施，有良好的环境保护意识	材料、工具摆放有序；未摆放材料、工具扣 2 分	
		10	严格遵守考场纪律，能正确处理好与监考老师的关系	不尊重监考老师扣 4 分，顶撞监考人员扣 10 分	
2	职业技能	20	RTK 仪器操作熟练，依据控制点各项检校正确	未检校或校对不正确为零分；操作不熟练扣 10 分	
		15	利用 RTK 进行目标点测量	测错一点扣 1 分，记录错一个扣 1 分	
		5	设计高程	错误扣 5 分	
		20	土方计算	记录错一个扣 1 分，错一点扣 1 分	
		10	不遵守安全操作规程、完工不清场或有事故本项无分。施工前准备、施工中工具正确使用，完工后正确维护	一项不符合要求扣 5 分	
		10	按完成时间给分	规定时间内未完成得 0 分，规定时间内完成得 6 分，规定时间的 60%内完成得 10 分	
总分					

表 2-120　横断面测量记录表

序号	点号	高程(m)	备注

13. 试题编号:T-3-13　道路施工中线曲线要素和主点坐标计算

考核技能点编号:J-3-1、J-3-2、J-3-5

(1)任务描述

现场提供的道路设计 A3 图纸 1 张,通过对给定道路设计图纸进行识读,判定道路中线和曲线种类,并对道路中线各中桩点的放样坐标、曲线要素用图表列出。并根据曲线要素利用计算器计算曲线主点和中桩放样点的坐标。

(2)实施条件

表 2-121　T-3-13 实施条件

项目	基本实施条件	备注
场地	工作台,便于摆图纸和计算	必备
资料	道路设计 A3 图纸 1 张	必备
设备	计算器、白纸、直尺、铅笔	必备
工具	铅笔(自带)、计算器	必备
测评专家	考评员须为测绘专业毕业,熟知道路勘测规范,从事过道路工程测量工作 2 年以上的教师或一线技术人员	必备

(3)考试时量

1 人独立完成,限时 30 分钟。

(4)评价标准

表 2-122　T-3-13 评价标准

序号	检测项目	标准分 100	考核标准	评分标准	得分
1	职业素养	5	作业前仔细检查图纸和辅助工具工作是否正常,材料是否齐全,做好工作前准备	工作有序、检查到位得满分;检查或归位每漏掉一项(处)扣 1 分;扣完为止	
		5	任务完成后将清点好材料、记录表格和辅助工具,不损坏辅助工具、资料及设施,有良好的环境保护意识		
		10	严格遵守考场纪律,能正确处理好与监考老师的关系	不尊重监考老师扣 4 分,顶撞监考人员扣 10 分	
2	操作技能	10	能判定中线中桩点位和曲线的种类	中桩桩号错一个扣 1 分,曲线种类错扣 5 分	
		30	表格绘制规范、标示清楚	表格中漏一项扣 3 分、一项不清楚扣 2 分	
		40	曲线数据计算正确	曲线数据错一处扣 2 分	
总分					

14. 试题编号:T-3-14　道路中线放样

考核技能点编号:J-3-3、J-3-5

(1)任务描述

依据道路中线测设资料,利用全站仪和控制点坐标在指定的场地对给定放样点进行点位放样并利用木桩标定并完成相关表格的记录。(道路中线测设资料见附件)

(2)实施条件

表 2-123　T-3-14 实施条件

项目	基本实施条件	备注
场地	现场布设控制点 2 个	必备
资料	道路中桩测设资料	必备
设备	全站仪、棱镜、木桩、钉子、锤子、2 m 小钢尺	必备
工具	笔(自带)	必备
测评专家	考评员须为测绘专业毕业,熟知道路勘测规范,从事过道路工程测量工作 2 年以上的教师或一线技术人员	必备

(3)考试时量

2 人共同完成。每人 30 分钟。

(4)评价标准

表 2-124　T-3-14 评价标准

序号	检测项目	标准分	考核标准	评分标准	得分
1	职业素养	5	作业前仔细检查全站仪和辅助工具工作是否正常,材料是否齐全,做好工作前准备	工作有序、检查到位得满分;检查或归位每漏掉一项(处)扣 1 分;扣完为止	
		5	任务完成后将清点好材料、记录表格和辅助工具,不损坏辅助工具、资料及设施,有良好的环境保护意识		
		10	严格遵守考场纪律,能正确处理好与监考老师的关系	不尊重监考老师扣 4 分,顶撞监考人员扣 10 分	
2	职业技能	10	制定测量方案合理,符合工程测量规范要求	一项不合理扣 1 分	
		30	依据控制点采用全站仪进行坐标放样,仪器操作熟练、方法正确	仪器操作评分标准见附件	
		30	每放出一个点观测其坐标与计算值进行比较,偏差应在 3 cm 范围内	不满足精度要求一个点扣 4 分	
		5	不遵守安全操作规程、工完场不清或有事故本项无分。施工前准备、施工中工具正确使用,完工后正确维护	一项不符合要求扣 5 分	
		5	按规定时间完成	在规定时间未完成扣 10 分	
总分					

表 2-125　已知点坐标

点号	坐标	
	X(m)	Y(m)
A	23 124.307	62 385.642
B	23 174.307	62 385.642
K4+380	23 143.124	62 402.247
K4+500	23 143.124	62 522.247

表 2-126　里程桩定位数据计算成果及定位检核表

点号	里程桩号	设计坐标		实放坐标		X 偏差 (mm)	Y 偏差 (mm)
		X(m)	Y(m)	X(m)	Y(m)		
1	K4+390						
2	K4+400						
3	K4+410						
4	K4+420						
5	K4+430						
6	K4+440						

15. 试题编号:T-3-15　圆曲线主点坐标的桩点坐标计算

考核技能点编号:J-3-5

(1)任务描述

某条公路穿越山谷处采用圆曲线,已知设计半径 $R=800$m,转向角 $\alpha_右=11°26'$,曲线转折点 JD 的里程为 K11+295。当采用桩距 10 m 的整桩号时,请利用给定曲线要素计算出曲线主点和中桩放样点的坐标。

(2)实施条件

表 2-127　T-3-15 实施条件

项目	基本实施条件	备注
场地	现场布置有大书桌台,便于摆图纸和计算	必备
资料	道路设计图纸及设计数据	必备
设备	计算器、白纸、直尺、铅笔	必备
工具	铅笔(自带)、计算器	必备
测评专家	考评员须为测绘专业毕业,熟知道路勘测规范,从事过道路工程测量工作 2 年以上的教师或一线技术人员	必备

(3)考试时量

30 分钟。1 人独立完成。

(4)评价标准

表 2-128　T-3-15 评价标准

序号	检测项目	标准分	考核标准	评分标准	得分
1	职业素养	5	作业前仔细检查图纸和辅助工具工作是否正常,材料是否齐全,做好工作前准备	工作有序、检查到位得满分;检查或归位每漏掉一项(处)扣 1 分;扣完为止	
		5	任务完成后将清点好材料、记录表格和辅助工具,不损坏辅助工具、资料及设施,有良好的环境保护意识		
		10	严格遵守考场纪律,能正确处理好与监考老师的关系	不尊重监考老师扣 4 分,顶撞监考人员扣 10 分	

续表

序号	检测项目	标准分	考核标准	评分标准	得分
2	职业技能	10	计算思路正确	每错一步扣 2 分	
		10	主点坐标计算公式正确	每错一个扣 5 分	
		10	桩点坐标公式正确	错一个扣 10 分	
		15	主点坐标计算正确	错一个扣 5 分	
		15	桩点坐标计算正确	错一个扣 2 分	
		10	无随意划改、表格条目清晰	随意划改一次扣 2 分,表格条目不清晰扣 4 分	
		5	不遵守安全操作规程、完工不清场或有事故本项无分。施工前准备、施工中工具正确使用,完工后正确维护	一项不符合要求扣 5 分	
		5	按完成时间给分	规定时间内未完成得 0 分,规定时间内完成得 6 分,规定时间的 60%内完成得 10 分	
总分					

16. 试题编号:T-3-16　含缓和曲线的圆曲线主点坐标的桩点坐标计算

考核技能点编号:J-3-5

(1)任务描述

某综合曲线为两端附有等长缓和曲线的圆曲线,JD 的转向角为 $\alpha_{左}=41°36'$,圆曲线半径为 $R=600$ m,缓和曲线长 $l_0=120$ m,整桩间距 $l=20$ m,JD 桩号为 K50+512.57。请利用给定曲线要素计算出曲线主点和中桩放样点的坐标。

(2)实施条件

同试题 T-3-15。

(3)考试时量

30 分钟。1 人独立完成。

(4)评价标准

同试题 T-3-15。

17. 试题编号:T-3-17　含缓和曲线的圆曲线主点坐标的桩点坐标计算

考核技能点编号:J-3-5

(1)任务描述

某综合曲线为两端附有等长缓和曲线的圆曲线,JD 的转向角为 $\alpha_{左}=41°36'$,圆曲线半径为 $R=600$ m,缓和曲线长 $l_0=120$ m,整桩间距 $l=20$ m,JD 桩号为 K50+512.57。若直缓点坐标 ZH 点坐标为(6 354.618,5 211.539),ZH 到 JD 坐标方位角为 $\alpha_0=64°52'34''$。附近另有两控制点 M、N,坐标为 M(6 263.880,5 198.227)、N(6 437.712,5 321.998)。请依给定曲线要素和控制点坐标,计算在 M 点设站、后视 N 点时该综合曲线的测设数据。

(2)实施条件

同试题 T-3-15。

(3)考试时量

40 分钟。1 人独立完成。

（4）评价标准

同试题 T-3-15。

18. 试题编号：T-3-18　RTK 曲线桩点放样

考核技能点编号：J-3-5

（1）任务描述

现场提供两个控制点的坐标，如 A（367 850.000,479 400.000）和 B（367 850.000, 4 793 500.000），同时给定曲线放样表（见表 2-129），请利用 RTK 放样曲线上各中桩点，并用木桩标定。

表 2-129　T-3-18 曲线放样表

桩　　号	坐　　标		桩　　号	坐　　标	
	$N(X)$	$E(Y)$		$N(X)$	$E(Y)$
K29+005.700	367 891.082	479 420.045	K29+430.800	367 487.977	479 554.988
K29+008.700	367 888.223	479 420.953	K29+432.500	367 486.367	479 555.534
K29+010.300	367 886.698	479 421.438	K29+433.300	367 485.609	479 555.790
K29+012	367 885.078	479 421.953	K29+455	367 465.058	479 562.758
K29+028	367 869.836	479 426.818	K29+480	367 441.382	479 570.786
K29+041	367 857.458	479 430.792	K29+503.800	367 418.843	479 578.428
K29+043.50	367 855.078	479431.558	K29+506	367 416.759	479 579.135

（2）实施条件

表 2-130　T-3-18 实施条件

项目	基本实施条件	备注
场地	现场布设控制点 2 个	必备
资料	道路中线测设资料	必备
设备	RTKGPS、木桩、钉子、锤子、2 m 小钢尺	必备
工具	笔（自带）	必备
测评专家	考评员须为测绘专业毕业，熟知道路勘测规范，从事过道路工程测量工作 2 年以上的教师或一线技术人员	必备

（3）考试时量

2 人共同完成。每人 30 分钟。

（4）评价标准

表 2-131　T-3-18 评价标准

序号	检测项目	标准分	考核标准	评分标准	得分
1	职业素养	5	作业前仔细检查 RTK 和辅助工具工作是否正常，材料是否齐全，做好工作前准备	工作有序、检查到位得满分；检查或归位每漏掉一项（处）扣 1 分；扣完为止	
		5	任务完成后将清点好材料、记录表格和辅助工具，不损坏辅助工具、资料及设施，有良好的环境保护意识	材料、工具摆放有序；未摆放材料、工具扣 2 分	
		10	严格遵守考场纪律，能正确处理好与监考老师的关系	不尊重监考老师扣 4 分；顶撞监考人员扣 10 分	

续表

序号	检测项目	标准分	考核标准	评分标准	得分
2	职业技能	10	制定测量方案合理,符合工程测量规范要求	一项不合理扣 1 分	
		35	依据控制点采用 RTK 进行坐标放样,仪器操作熟练、方法正确。(仪器操作评分标准见附表)	放样一个点扣 5 分	
		20	每放出一个点观测其坐标与计算值进行比较,偏差应在 1 cm 范围内	不满足精度要求一个点扣 4 分	
		5	不遵守安全操作规程、工完场不清或有事故本项无分。施工前准备、施工中工具正确使用,完工后正确维护	一项不符合要求扣 5 分	
		10	按完成时间给分	规定时间内未完成得 0 分,规定时间内完成得 6 分,规定时间的 60% 内完成得 10 分	
	总分				

19. 试题编号:T-3-19　建筑物基础桩位坐标计算

技能点编号:J-3-7

(1)任务描述

根据建筑基础桩位图(电子图)和建筑平面图,给定两已知点,用绘图软件(CAD、或 CASS)计算出桩位坐标并形成 dat 文件。

(2)实施条件

表 2-132　T-3-19 实施条件

项目	基本实施条件	备注
场地	机房	必备
资料	两已知点坐标,建筑设计图纸(电子版)	必备
设备	带绘图软件的电脑	必备
工具	笔(自带)	必备
测评专家	考评员须为测绘专业毕业,熟知工程测量规范,从事过建筑工程测量工作 2 年以上的教师或一线技术人员	必备

(3)考试时量

1 人独立完成,时间 30 分钟。

(4)评价标准

表 2-133　T-3-19 评价标准

序号	检测项目	标准分 100	考核标准	评分标准	得分
1	职业素养	10	作业前仔细查看电脑是否正常运行、资料、并进行检查,方法正确做好工作前准备	工作有序、检查到位得满分;检查或归位每漏掉一项(处)扣 1 分;扣完为止	
		5	任务完成后清点好材料、记录表格和辅助工具,不损坏辅助工具、资料及设施,有良好的环境保护意识		
		5	严格遵守考场纪律,能正确处理好与监考老师的关系	不尊重监考老师扣 2 分,顶撞监考人员扣 5 分	
2	计算	60	操作熟练,数据正确	错一处,扣 5 分	
3	安全文明施工	10	不遵守安全操作规程、工完场不清或有事故本项无份	违反一处扣 1 分	
4	工效	10	不超过规定时间	每超过 1 分钟扣 1 分	
总分					

20. 试题编号:T-3-20　建筑物放样数据计算与放样方案编制

考核技能点编号:J-3-7

(1)任务描述

场地内有已知平面点两个(现场给定其坐标值),现在某建筑房屋门前计划修一条直线道路(图纸现场给定),请计算出放样数据,并依已知点坐标和设计坐标,编写采用全站仪进行放样的方案。

(2)实施条件

表 2-134　T-3-20 实施条件

项目	基本实施条件	备注
场地	工作台,便于摆图纸和计算	必备
资料	图纸 1 张,控制点资料	必备
设备	计算器、白纸、直尺、铅笔	必备
工具	铅笔(自带)、计算器	必备
测评专家	考评员须为测绘专业毕业,熟知道路勘测规范,从事过道路工程测量工作 2 年以上的教师或一线技术人员	必备

(3)考试时量

1 人独立完成,时间 30 分钟。

(4)评价标准

表 2-135　T-3-20 评价标准

序号	检测项目	标准分 100	考核标准	评分标准	得分
1	职业素养	5	作业前仔细检查图纸和辅助工具工作是否正常,材料是否齐全,做好工作前准备	工作有序、检查到位得满分;检查或归位每漏掉一项(处)扣 1 分;扣完为止	
		5	任务完成后将清点好材料、记录表格和辅助工具,不损坏辅助工具、资料及设施,有良好的环境保护意识		
		10	严格遵守考场纪律,能正确处理好与监考老师的关系	不尊重监考老师扣 4 分,顶撞监考人员扣 10 分	
2	操作技能	10	能判定图纸,正确判定其位置关系	错一处扣 5 分	
		30	方案全面而表达清楚	漏一项扣 8 分,字迹不清的视为错识	
		40	放样数据计算正确	错一处扣 2 分	
总分					

21. 试题编号:T-3-21　建筑物放样数据计算与放样方案编制

考核技能点编号:J-3-7

(1)任务描述

场地内有已知平面点两个(现场给定其坐标值),现在某建筑房屋门前计划修一条直线道路(图纸现场给定),请计算出放样数据,并依已知点坐标和设计坐标,编写用 RTK 进行放样的方案。

(2)实施条件

同试题 T-3-20。

(3)考试时量

1 人独立完成,时间 30 分钟。

(4)评价标准

同试题 T-3-20。

22. 试题编号:T-3-22　建筑物定位放线测量

技能点编号:J-3-8

(1)任务描述

现场指定一施工工地,给定两已知点,试将给定施工平面图上轴线的交点在实地放样出来,用木桩或铁钉标明桩的位置。一人一轴线放样。

(2)实施条件

表 2-136　T-3-22 实施条件

项目	基本实施条件	备注
场地	适合于图纸施工的现场	必备
资料	建筑总平面图、一层平面图、施工区控制点	必备
设备	全站仪、棱镜、对中杆、三脚架	必备
工具	50 m 钢尺、5 m 钢卷尺、锤子、木桩、龙门板、钉子若干	必备
测评专家	考评员须为测绘专业毕业,熟知工程测量规范,从事过工程测量工作 2 年以上的教师或一线技术人员	必备

（3）考试时量

3 人共同完成。每人 30 分钟。

（4）评价标准

表 2-137　T-3-22 评价标准

序号	检测项目	标准分 100	考核标准	评分标准	得分
1	职业素养	10	作业前仔细查看仪器、资料、设备并对仪器进行检查,方法正确,脚螺旋旋回至中间位置。做好工作前准备	工作有序、检查到位得满分;检查或归位每漏掉一项(处)扣 1 分;扣完为止	
		5	任务完成后清点好材料、记录表格和辅助工具,不损坏辅助工具、资料及设施,有良好的环境保护意识		
		5	严格遵守考场纪律,能正确处理好与监考老师的关系	不尊重监考老师扣 2 分,顶撞监考人员扣 5 分	
2	定位放线	60	依据已知点采用全站仪进行坐标放样,仪器操作熟练,方法正确	错一处,扣 5 分	
3	安全文明施工	10	不遵守安全操作规程、工完场不清或有事故本项无份。施工前准备、施工中正确使用仪器、完工后正确放置和维护仪器	违反一处扣 1 分	
4	工效	10	不超过规定时间	每超过 1 分钟扣 1 分	
总分					

23. 试题编号:T-3-23　建筑物定位放线测量

考核技能点编号:J-3-7、J-3-8

（1）任务描述

现场提供建筑总平面图、一层平面图、施工区控制点,请根据图纸和控制点坐标及计算建筑物的放样数据进行点位放样,并将数据填入相应表格中。

（2）实施条件

同试题 T-3-22。

（3）考试时量

3 人为一小组,总时量 240 分钟。

（4）评价标准

表 2-138　T-3-23 评价标准

序号	检测项目	标准分100	考核标准	评分标准	得分
1	职业素养	5	清理、检查给定的资料是否齐全，检查工具、仪器是否齐全，检查仪器是否正常，做好工作前准备	每漏掉一项（处）扣 1 分；扣完为止	
		5	任务完成后整理工作台面，将资料、工具书、材料和辅助工具归位，不损坏考试工具、资料及设施，有良好的环境保护意识		
		10	严格遵守考场纪律，能正确处理好与监考老师的关系	扰乱考场纪律扣 1～5 分；不尊重监考老师扣 1～5 分	
2	操作的规范性	30	仪器使用正确，思路清晰，操作规范，观测顺序正确	执行附件中扣分标准	
4	定位、放线方案制定	10	制定合理的测量方案，符合工程测量规范要求	方案合理记 5 分，违规一次扣 1 分	
5	计算测设数据	10	依据总平面图、一层平面图正确计算放样数据	错 1 处扣 2 分	
6	建筑物定位	20	依据控制点采用全站仪进行坐标放样，仪器操作熟练、方法正确	每错一点扣 2 分	
7	检核	5	建筑物定位点位误差满足工程测量规范要求，建筑物放样轴线偏差满足工程测量规范要求	点位符合精度要求每超 1 点扣 1 分	
8	工效	5	按完成时间给分	规定时间完成记 3 分，每提前 10 分钟加 1 分，最多加 2 分	
总分					

表 2-139　建筑物定位数据计算成果及定位检核表

点号	设计坐标		实放坐标		X 偏差（mm）	Y 偏差（mm）
	X(m)	Y(m)	X(m)	Y(m)		
1						
2						
3						
4						
5						
6						
7						

测设人：　　　　　　　　检核人：　　　　　　　　年　　月　　日

表 2-140　建筑物施工放样轴线检核表

序号	轴线段	轴线间设计距离(m)	轴线间实放距离(m)	轴线距离偏差(mm)
1				
2				
3				
4				
5				
6				

备注:外轮廓主轴线长度 L(m):$L \leqslant 30$ 允许偏差±5 mm;$30 < L \leqslant 60$ 允许偏差±10 mm;$60 < L \leqslant 90$ 允许偏差±15 mm;$90 < L$ 允许偏差±20 mm。
细部轴线允许偏差±2 mm。

放样人：　　　　　　　检核人：　　　　　　年　　月　　日

24. 试题编号:T-3-24　高程点放样

考核技能点编号:J-3-8

(1)任务描述

场地内有一已知高程点(现场给定其高程值),现在区域内有指定的另外三个位置需测设高程(数据现场给定),一人操作仪器指挥,另外两人进行高程放样,在木桩上标定出设计高程位置,三个点每人放样一个点。

(2)实施条件

表 2-141　T-3-24 实施条件

项目	基本实施条件	备注
场地	基本无障碍的丘陵地	必备
资料	场地内或周边有 1 个水准点	必备
仪器设备	DS3 水准仪、标尺、脚架	必备
工具及其他	记录用夹板、5 m 钢卷尺、锤子、木桩、记号笔等	必备
测评专家	考评员须为测绘专业毕业,至少 2 年以上从事建筑施工测量一线工作经验的技术人员或 2 年以上工程测量技术专业教学经验的测量课教师担任	必备

(3)考试时量

3 人为 1 小组,每人 20 分钟。

(4)评价标准

表 2-142　T-3-24 评价标准

序号	检测项目	标准分	考核标准	评分标准	得分
1	职业素养	5	作业前仔细检查仪器和辅助工具工作是否正常,材料是否齐全,做好工作前准备	工作有序、检查到位得满分;检查或归位每漏掉一项(处)扣 1 分;扣完为止	
		5	任务完成后清点好材料、记录表格和辅助工具,不损坏辅助工具、资料及设施,有良好的环境保护意识		
		10	严格遵守考场纪律,能正确处理好与监考老师的关系	不尊重监考老师扣 4 分,顶撞监考人员扣 10 分	

续表

序号	检测项目	标准分	考核标准	评分标准	得分
2	职业技能	10	制定测量方案合理,符合工程测量规范要求	一项不合理扣1分	
		35	依据控制点采用水准仪进行放样,仪器操作熟练、方法正确(仪器操作评分标准见附表)	放样一正确1个点扣5分	
		20	每放出一个点观测其高程与设计值进行比较,偏差应在 5 mm 范围内	不满足精度要求1个点扣4分	
		5	不遵守安全操作规程、工完场不清或有事故本项无分。施工前充分准备、施工中工具正确使用,完工后正确维护	一项不符合要求扣5分	
		10	按完成时间给分	规定时间内未完成得0分,规定时间内完成得6分,规定时间的60%内完成得10分	
总分					

25. 试题编号:T-3-25 建筑物平面位置放样

考核技能点编号:J-3-8

(1)任务描述

场地内有已知平面点 3 个(现场给定其坐标值),现在某区域内设计有矩形房屋 1 栋(图纸现场给定),4 人共同完成 4 个房屋角点的放样工作,每人放样 1 个点,用木桩和钉子标定出设计位置。

(2)实施条件

表 2-143 T-3-25 实施条件

项目	基本实施条件	备注
场地	基本无障碍的丘陵地	必备
资料	场地内或周边有平面控制点 3 个,坐标现场给定	必备
仪器设备	光学经纬仪、皮尺、脚架	必备
工具及其他	锤子、木桩、计算器、记录用夹板等	必备
测评专家	考评员须为测绘专业毕业,至少 2 年以上从事建筑施工测量一线工作经验的技术人员或 2 年以上工程测量技术专业教学经验的测量课教师担任	必备

(3)考试时量

3 人为 1 小组,每人 20 分钟。

(4)评价标准

表 2-144　T-3-25 评价标准

序号	检测项目	标准分	考核标准	评分标准	得分
1	职业素养	5	作业前仔细检查仪器和辅助工具工作是否正常,材料是否齐全,做好工作前准备	工作有序、检查到位得满分;检查或归位每漏掉一项(处)扣 1 分;扣完为止	
		5	任务完成后将清点好材料、记录表格和辅助工具,不损坏辅助工具、资料及设施,有良好的环境保护意识		
		10	严格遵守考场纪律,能正确处理好与监考老师的关系	不尊重监考老师扣 4 分,顶撞监考人员扣 10 分	
2	职业技能	10	制定测量方案合理,符合工程测量规范要求	一项不合理扣 1 分	
		35	依据控制点采用经纬仪进行放样,仪器操作熟练、方法正确。(仪器操作评分标准见附表)	放样不正确一个点扣 5 分	
		20	每放出一个点观测其坐标与计算值进行比较,偏差应在 1 cm 范围内	不满足精度要求 1 个点扣 4 分	
		5	不遵守安全操作规程、工完场不清或有事故本项无分。施工前充分准备、施工中工具正确使用,完工后正确维护	一项不符合要求扣 5 分	
		10	按完成时间给分	规定时间内未完成得 0 分,规定时间内完成得 6 分,规定时间的 60% 内完成得 10 分	
总分					

26. 试题编号:T-3-26　高程引测

考核技能点编号:J-3-8

(1)任务描述

某单位新征一块土地(图纸现场地),期望在此土地上新建一栋办公大楼。现要设计地平±0 的绝对高程并估算该场地的填方和挖方的土石方量,但场地内及周围没有已知高程点可用,距场地约 200 m 范围内有四等水准点 1 个(工地环境不宜采用三角高程测量)。请设计高程引测方案,将高程引测到场地内(引入点用木桩标记)。

(2)实施条件

表 2-145　T-3-26 实施条件

项目	基本实施条件	备注
场地	现场布设有 1 个四等水准点,视野较开阔的丘陵地	必备
设备	水准仪、水准仪脚架、双面水准标尺	必备
工具	铅笔(自带)、水准测量记录用表格、计算器、记录夹板	必备
测评专家	考评员须为测绘专业毕业,熟知水准测量规范,从事过水准测量工作 2 年以上的教师或一线技术人员	必备

(3)考试时量

4 人为一小组,时间 40 分钟。每人至少完成一个测站观测、计算工作。

(4)评价标准

表 2-146　T-3-26 评价标准

序号	检测项目	标准分 100	考核标准	评分标准	得分
1	职业素养	5	作业前仔细检查所需的资料、工具书、材料和辅助工具是否齐全,做好工作前准备	工作有序、检查到位得满分;检查或归位每漏掉一项(处)扣 1 分;扣完为止	
		5	任务完成后整理工作台面,将资料、工具书、材料和辅助工具归位,不损坏考试工具、资料及设施,有良好的环境保护意识		
		10	严格遵守考场纪律,能正确处理好与监考老师的关系	不尊重监考老师扣 4 分,顶撞监考人员扣 10 分	
2	操作规范	10	仪器使用正确,思路清晰,操作规范	执行附件中扣分标准	
		20	观测顺序正确		
3	记录	10	记录整齐、整洁、字体工整,划改规范	划改错误扣 1 分/次	
4	测站计算	10	各项计算正确、测段累加正确	错一次扣 2 分	
5	测站限差	10	各测段的测站数为偶数,各项限差符合要求	超限 1 处扣 1 分;设站错误扣 10 分	
6	误差分配	10	成果计算准确,填写规范而齐全	错一处 1 分	
7	成果精度	10	测段高差与理论高差的差值	超过 10 mm 计 0 分,5 mm 内满分,其余内插	
			总分		

27. 试题编号:T-3-27　渠道放样数据计算

技能点编号:J-3-9

(1)任务描述

某区域内设计一条长 30 m 的渠道(已知渠顶设计高程 $H_0 = 54.315$ m,设计坡度为 5%),请根据所设计渠道计算放样数据。

(2)实施条件

表 2-147　T-3-27 实施条件

项目	基本实施条件	备注
场地	工作台	必备
资料	设计图纸	必备
设备	自带计算器	
工具	记录板、记录纸	必备
测评专家	考评员须为测绘专业毕业,熟知工程测量规范,从事过工程测量工作 2 年以上的教师或一线技术人员	必备

（3）考试时量

30 分钟。1 人独立完成。

（4）评价标准

表 2-148 T-3-27 评价标准

序号	检测项目	标准分100	考核标准	评分标准	得分
1	职业素养	5	作业前仔细查看资料，做好工作前准备	工作有序、检查到位满分；检查或归位每漏掉一项（处）扣 1 分；扣完为止	
		5	任务完成后清点好材料、记录表格和辅助工具，不损坏辅助工具、资料及设施，有良好的环境保护意识		
		10	严格遵守考场纪律，能正确处理好与监考老师的关系	不尊重监考老师扣 4 分，顶撞监考人员扣 10 分	
2	放样计算	60	按照相关方法进行计算，书写过程，字迹工整	算错一处扣 2 分	
3	安全文明施工	10	不遵守安全操作规程、工完场不清或有事故本项无分。施工前准备、施工中正确使用仪器、完工后正确放置和维护仪器	违反一处扣 1 分	
4	工效	10	不超过规定时间	每超过 1 分钟扣 1 分	
总分					

28. 试题编号：T-3-28 渠道放样

技能点编号：J-3-9、J-3-10

（1）任务描述

某区域内设计一条长 30 m 的渠道（已知渠顶设计高程 $H_0 = 54.315$ m，设计坡度为5‰），请根据所设计渠道放样数据。实地每隔 5 m 定出一个中心桩，并在桩位上测设出设计高程，必要时标出加桩。每人完成 2 个点的测量工作。

（2）实施条件

表 2-149 T-3-28 实施条件

项目	基本实施条件	备注
场地	工作台、不少于 30 m 的直线场地	必备
资料	设计图纸	必备
设备	水准仪、脚架、双面水准标尺、全站仪、棱镜、对中杆	
工具	测伞、钢尺、不可编程计算器、记录板、记录纸	必备
测评专家	考评员须为测绘专业毕业，熟知工程测量规范，从事过工程测量工作 2 年以上的教师或一线技术人员	必备

（3）考试时量

30 分钟。1 人独立完成。

（4）评价标准

表 2-150 T-3-28 评价标准

序号	检测项目	标准分100	考核标准	评分标准	得分
1	职业素养	5	作业前仔细查看仪器、资料、设备,方法正确,脚螺旋旋回至中间位置。做好工作前准备	工作有序、检查到位得满分;检查或归位每漏掉一项(处)扣 1 分;扣完为止	
		5	任务完成后清点好材料、记录表格和辅助工具,不损坏辅助工具、资料及设施,有良好的环境保护意识		
		10	严格遵守考场纪律,能正确处理好与监考老师的关系	不尊重监考老师扣 4 分,顶撞监考人员扣 10 分	
2	仪器操作	10	对中≤3 mm;圆水准器气泡未超出分划圈;水准管偏离≤1 格	每错一处扣 1 分	
3	定位放线	40	依据控制点采用全站仪进行距离放样,测设中线桩,仪器操作熟练,方法正确	每错一处扣 1 分	
4	检核	10	定位点位误差满足工程测量规范要求	超限一处扣 2 分	
5	安全文明施工	10	不遵守安全操作规程、工完场不清或有事故本项无分。施工前准备、施工中正确使用仪器、完工后正确放置和维护仪器	违反一处扣 1 分	
6	工效	10	不超过规定时间	每超过 1 分钟扣 1 分	
总分					

29. 试题编号:T-3-29 渠道中平测量

技能点编号:J-3-9、J-3-10

(1)任务描述

测区内有一条正在施工的渠道(约 100 m),渠道中线测量中每隔 10 m 打一里程桩,且必要之处设有加桩,渠首和渠尾点附近有已知水准点 BM_A(其高程为 44.760 m)和 BM_B(其高程为 43.948 m)。要求采用视线高的计算方法进行中平测量,测出渠道中线上各点的里程桩和加桩的高程,其高差闭合差不应大于 $\pm 40\sqrt{L}$,若高差闭合差超限必须返工,若符合要求不必进行高差调整。每人完成 4 个中桩的工作。

(2)实施条件

表 2-151 T-3-29 实施条件

项目	基本实施条件	备注
场地	不少于 100 m 的模拟渠道施工现场	必备
资料	水准点资料	必备
设备	水准仪、脚架、双面水准标尺	必备
工具	测伞、钢尺、不可编程计算器、记录板、记录纸	必备
测评专家	考评员须为测绘专业毕业,熟知工程测量规范,从事过工程测量工作 2 年以上的教师或一线技术人员	必备

(3)考试时量

2 人共同完成,每人工作时间 30 分钟。

(4)评价标准

表 2-152　T-3-29 评价标准

序号	检测项目	标准分 100	考核标准	评分标准	得分
1	职业素养	5	作业前仔细查看仪器、资料、设备,方法正确,脚螺旋旋回至中间位置。做好工作前准备	工作有序、检查到位满分;检查或归位每漏掉一项(处)扣 1 分;扣完为止	
		5	任务完成后清点好材料、记录表格和辅助工具,不损坏辅助工具、资料及设施,有良好的环境保护意识		
		10	严格遵守考场纪律,能正确处理好与监考老师的关系	不尊重监考老师扣 4 分,顶撞监考人员扣 10 分	
2	仪器安置	5	利用脚架和角螺旋粗略整平仪器方法正确。圆水准器气泡未超出分划圈	错一处扣 1 分	
3	观测记录	20	观测正确,记录整齐、整洁,字体工整,无涂改	划改扣 1 分/次	
4	测站计算	15	各项计算正确、齐全	错一次扣 2 分	
5	测站限差	20	各项限差符合要求	超限一处扣 2 分	
6	安全文明施工	10	不遵守安全操作规程、工完场不清或有事故本项无分。施工前准备、施工中正确使用仪器、完工后正确放置和维护仪器	违反一处扣 1 分	
7	成果校核	10	测段高差与理论高差的差值	$\Delta h_允 = \pm 10\sqrt{n}$。结果超过 $\Delta h_允$ 得 0 分,为 $\Delta h_允$ 的 60% 以内得 10 分,正好为 $\Delta h_允$ 的得 6 分,其余内插	
总分					

30. 试题编号:T-3-30　渠道高程测设及断面图绘制

技能点编号:J-3-4、J-3-10

(1)任务描述

某段渠道 0+000 桩的设计高程为 76.4 m,渠坡降为 1‰,请根据中平测量记录的数据,计算视线高及测点高程。对外业测量结果进行记录并检核($\Delta h_允 = \pm 10\sqrt{n}$),然后求出各待测点高程,绘制断面图。

表 2-153　纵断面记录计算表

点号	后视	视线高	间视	前视	高程(m)	备注
BM_1	1.625				76.250	已知点
TP_1	1.730			0.986		
0+000	2.133			2.023		
0+100			1.64			
0+200			1.33			
0+230			1.88			
0+300	2.101			1.622		
0+400			1.99			
0+500	2.001			2.652		
TP_2	1.202			2.010		
BM_2				1.622		76.071(已知)
校核						

（2）实施条件

表 2-154　T-3-30 实施条件

项目	基本实施条件	备注
场地	工作台或普通教室	必备
资料	野外中平测量数据表	必备
设备	不可编程计算器	
工具	计算用纸、钢笔、绘制断面图用纸	必备
测评专家	考评员须为测绘专业毕业，熟知工程测量规范，从事过工程测量工作 2 年以上的教师或一线技术人员	必备

（3）考试时量

1 人独立完成，限时 30 分钟。

（4）评价标准

表 2-155　T-3-30 评价标准

序号	检测项目	标准分100	考核标准	评分标准	得分
1	职业素养	5	作业前仔细检查工具、资料是否齐全，做好工作前准备	工作有序、检查到位得满分；检查或归位每漏掉一项（处）扣 1 分；扣完为止	
		5	清点好资料及设施，有良好的环境保护意识		
		10	严格遵守考场纪律，能正确处理好与监考老师的关系	不尊重监考老师扣 4 分，顶撞监考人员扣 10 分	
2	记录	10	记录整齐、整洁，字体工整，无涂改	错一处扣 1 分	
3	测站计算	30	各项计算正确、齐全	错一处扣 5 分	
4	测站校核	10	各项限差符合要求	错一处扣 2 分	
5	断面图的绘制	20	要求绘制出渠底线和地面线；采用表格的形式计算出填挖方高度、设计渠底高程、地面高程、桩号	错一处扣 5 分	
6	工效	10	不超过规定时间	超时扣 10 分	
总分					

表 2-156　断面图的绘制

里程桩号	
地面高程	
设计坡度(‰)	
渠底设计高程	
填方高度	
挖方深度	

31. 试题编号:T-3-31　汇水面积计算

技能点编号:J-3-9

（1）任务描述

拟在某地修建一水库,请在已有地形图上计算其汇水面积。现场提供相应比例尺地形图。

（2）实施条件

表 2-157　T-3-31 实施条件

项目	基本实施条件	备注
场地	计算平台	必备
资料	地形图	必备
设备	计算器(自备)	
工具	直尺、稿纸	必备
测评专家	考评员须为测绘专业毕业,熟知工程测量规范,从事过工程测量工作 2 年以上的教师或一线技术人员	必备

（3）考试时量

1 人独立完成,限时 30 分钟。

（4）评价标准

表 2-158　T-3-31 评价标准

序号	检测项目	标准分 100	考核标准	评分标准	得分
1	职业素养	5	作业前仔细检查资料、工具书和辅助工具是否齐全,做好工作前准备	每漏掉一项(处)扣 1 分;扣完为止	
		5	任务完成后整理工作台面,将资料、工具书、材料和辅助工具归位,不损坏考试工具、资料及设施,有良好的环境保护意识		
		10	严格遵守考场纪律,能正确处理好与监考老师的关系	扰乱考场纪律扣1~5分;不尊重监考老师扣1~5分	
2	操作规范	20	各工具使用正确,思路清晰,操作规范	执行附件中扣分标准	
		10	观测顺序正确		

续表

序号	检测项目	标准分100	考核标准	评分标准	得分
3	记录	15	稿纸整齐、整洁,字体工整,划改规范	划改错误扣1分/次	
4	方法	15	各项计算方法正确正确	错一次扣2分	
5	成果精度	20	计算结果与参考答案的差值	超过 10 m² 计 0 分,5 m² 内满分,其余内插	
			总分		

32. 试题编号:T-3-32 勘探线测设

考核技能点编号:J-3-11

(1)任务描述

地质勘探工程测量中,为了准确判断地下矿产资源情况,须在地表进行钻探工作,勘测区内现有已知控制点 A、B,其坐标分别为 A(1 000,1 000),B(1 010,1 035),一条勘探线上有1、2、3、4 四个钻孔,起、讫钻孔点为 1、4 号点,其坐标分别为 1(1 030,980),4(1 030,1040),相邻两点间水平距离为 20 m,请利用 1、4 点坐标计算出 2、3 钻孔点坐标。用全站仪标定出本勘探线上四个钻孔点位置,打入木桩,然后利用坐标测量对放样点位进行检核,要求四人各放样一个点位,对放样点进行检核并记录检核点坐标,与设计点坐标进行对比,要求在限差以内。

(2)实施条件

表 2-159 T-3-32 实施条件

项目	基本实施条件	备注
场地	布设有 2 个已知控制点和 2 个设计钻孔点坐标及位置	必备
资料	给定两已知控制点及起、讫钻孔点坐标、钻孔间平距	必备
设备	全站仪、对中杆、棱镜、脚架	必备
工具	榔头、木桩、钉子、铅笔、放样记录用表格、计算器、记录夹板	必备
测评专家	考评员须为测绘专业毕业,熟知全站仪坐标放样设置及程序,了解地勘工程测设误差要求,从事过测量放样工作 2 年以上的教师或一线技术人员	必备

(3)考试时量

3 人为一个小组,总时间为 90 分钟。

(4)评价标准

表 2-160 T-3-32 评价标准

序号	检测项目	标准分100	考核标准	评分标准	得分
1	职业素养	5	作业前仔细检查所需的仪器、资料、工具书、材料和辅助工具是否齐全,脚螺旋旋回至中间位置;做好工作前准备	每漏掉一项(处)扣 1 分;扣完为止	
		5	任务完成后整理工作台面,将资料、工具书、材料和辅助工具归位,不损坏考试工具、资料及设施,有良好的环境保护意识		
		10	严格遵守考场纪律,能正确处理好与监考老师的关系	扰乱考场纪律扣1~5分;不尊重监考老师扣1~5分	

续表

序号	检测项目	标准分100	考核标准	评分标准	得分
2	仪器安置	10	略整平仪器方法正确。圆水准器气泡未超出分划圈,调节水准管精确整平	每错一处扣1分	
3	点位放样	10	顺利进入全站仪坐标放样程序,输入测站点坐标,后视点坐标定向,键入放样点坐标放样	每错一处扣2分	
4	检核	10	进入坐标测量程序,测出放样点坐标	划改扣1分/次	
5	坐标计算	20	计算正确无误,过程清晰,记录干净整洁	错一次扣2分	
6	记录	20	记录整齐、整洁、字体工整,无涂改	超限一处扣2分	
7	数据检核	10	设计点位坐标与测设点坐标对比,不得超出限差	错一处1分	
总分					

33. 试题编号:T-3-33　钻孔放样

考核技能点编号:J-3-11

(1)任务描述

某工地需进行勘探工作,请按设计要求用全站仪在实地放样出钻孔位置。现场提供图纸及设计图和数据。

(2)实施条件

①"资料"项目的基本实施条件为:给定两已知控制点及设计钻孔点坐标数据。

②其他项目的基本实施条件同试题 T-3-32。

(3)考试时量

2 人为一个小组,每人用时 30 分钟。

(4)评价标准

同试题 T-3-32。

34. 试题编号:T-3-34　钻孔标高测定

考核技能点编号:J-3-11

(1)任务描述

勘探线点位在实地标定并打入木桩后,需要测量出各桩顶高程,已知 BM_A、BM_B 高程点,利用 BM_A、BM_B 两点及1、2、3、4 钻孔点,组成一条附和水准路线,通过观测和近似平差,计算出各钻孔点位桩顶高程,并做好记录,要求按等外水准测量进行观测,4 人各观测一个测段,记录一个测段,记录者统计本测段的高差和距离;根据观测成果每人独立完成内业平差计算。外业观测时间每一测段不得超过 10 分钟。

(2)实施条件

表 2-161　T-3-34 实施条件

项目	基本实施条件	备注
场地	布设有两个已知点、一条勘探线上四个待定点的附合水准路线	必备
资料	两个已知高程的水准点成果资料	必备
设备	水准仪、水准仪脚架、双面水准标尺、尺垫	必备
工具	铅笔、水准测量记录用表格、计算器、记录夹板	必备
测评专家	考评员须为测绘专业毕业,熟知水准测量规范,从事过水准测量工作 2 年以上的教师或一线技术人员	必备

(3)考试时量

4 人为一个小组。总用时为 90 分钟。

(4)评价标准

表 2-162　T-3-34 评价标准

序号	检测项目	标准分 100	考核标准	评分标准	得分
1	职业素养	5	作业前仔细检查所需的仪器、资料、工具书、材料和辅助工具是否齐全,脚螺旋回至中间位置;做好工作前准备	每漏掉一项(处)扣 1 分;扣完为止	
		5	任务完成后整理工作台面,将资料、工具书、材料和辅助工具归位,不损坏考试工具、资料及设施,有良好的环境保护意识		
		10	严格遵守考场纪律,能正确处理好与监考老师的关系	扰乱考场纪律扣 1~5 分;不尊重监考老师扣 1~5 分	
2	仪器安置	5	利用脚架和角螺旋粗略整平仪器方法正确。圆水准器气泡未超出分划圈	每错一处扣 1 分	
3	照准目标	5	必须使用粗瞄器找目标;水平制动螺旋、微动螺旋使用正确;对准目标;十字丝清晰;目标清晰,无视差	每错一处扣 2 分	
4	记录	10	记录整齐、整洁、字体工整,无涂改	划改扣 1 分/次	
5	测站计算	10	各项计算正确、齐全	错一次扣 2 分	
6	测站限差	20	各项限差符合要求	超限一处扣 2 分	
7	误差分配	10	成果计算准确,填写规范而齐全	错一处 1 分	
8	成果精度	10	测段高差与理论高差的差值	超过 10 mm 计 0 分,5 mm 内满分,其余内插	
总分					

35. 试题编号：T-3-35　地质剖面图的手工绘制

考核技能点编号：J-3-11

(1)任务描述

某勘探线上有：起点 ZK_A（孔口高程 30 m、终孔高程 -60 m），ZK_B（孔口高程 40 m、终孔高程 -55 m），ZK_C（孔口高程 30 m、终孔高程 -60 m），ZK_D（孔口高程 35 m、终孔高程 -55 m）。孔之间水平距离为 30 m。按 1∶1 000 比例尺，绘出剖面图。

(2)实施条件

表 2-163　T-3-35 实施条件

项目	基本实施条件	备注
场地	绘图工作台	必备
资料	勘探线上各钻孔的孔口高程及相邻两钻孔间平距，水平比例尺，竖比例尺	必备
工具	三角板、铅笔、纸	必备
测评专家	考评员须为测绘专业毕业，熟知地勘工程测量内容，从事过地质剖面图绘制工作的教师或一线技术人员	必备

(3)考试时量

1 人独立完成，限时 30 分钟。

(4)评价标准

表 2-164　T-3-35 评价标准

序号	检测项目	标准分100	考核标准	评分标准	得分
1	准备工作	10	准备资料、工具（三角板、铅笔、纸）	过程有序，到位	
2	在图框中绘出水平及竖直比例尺	30	图框确定美观、合理，水平与竖直比例尺正交，绘出相互、等间距的水平线，注明相应标高	每项操作没有错误，得满分	
3	在剖面图上展绘钻孔位置	50	选取基准起点 ZK_A 位置，依次展绘各钻孔点位置，注记相应高程		
4	将剖面点连接成光滑曲线	10	线条光滑自如		
	总分				

36. 试题编号：T-3-36　地质填图

考核技能点编号：J-3-11

(1)任务描述

现有某测区 1∶10 000 的地形图，将其作为工作底图，在实地经勘察确定了地质界线和地质点,请将其按地质填图的要求将地质界线和地质点进行测绘并填于底图上(工作底图现场发放)。

(2)实施条件

表 2-165　T-3-36 实施条件

项目	基本实施条件	备注
场地	布设有 2 个已知控制点	必备
资料	标有地质界线和地质点的 1∶10 000 的地形图(工作底图)	必备
设备	全站仪、对中杆、棱镜、脚架	必备
工具	榔头、木桩、钉子、铅笔、放样记录用表格、计算器、记录夹板	必备
测评专家	考评员须为测绘专业毕业,熟知全站仪坐标放样设置及程序,了解地勘工程测设误差要求,从事过测量放样工作 2 年以上的教师或一线技术人员	必备

(3)考试时量

1 人(加 1 辅助人员)完成,限时 40 分钟。

(4)评价标准

表 2-166　T-3-36 评价标准

序号	检测项目	标准分 100	考核标准	评分标准	得分
1	职业素养	5	作业前仔细检查所需的仪器、资料、工具书、材料和辅助工具是否齐全,脚螺旋旋回至中间位置;做好工作前准备	每漏掉一项(处)扣 1 分;扣完为止	
		5	任务完成后整理工作台面,将资料、工具书、材料和辅助工具归位,不损坏考试工具、资料及设施,有良好的环境保护意识		
		10	严格遵守考场纪律,能正确处理好与监考老师的关系	扰乱考场纪律扣 1~5 分;不尊重监考老师扣 1~5 分	
2	仪器安置	10	仪器使用方法正确。圆水准器气泡未超出分划圈,调节水准管精确整平	每错一处扣 1 分	
3	界线及地质点测量	20	顺利进入全站仪坐标测量程序,输入测站点坐标,后视点坐标定向,测量	每错一处扣 2 分	
4	填图	10	位置填写正确	错一处扣 1 分	
5	记录	20	记录整齐、整洁,字体工整,无涂改	超限一处扣 2 分	
6	数据对比	10	设计点位坐标与测设点坐标对比,不得超出限差	错一处 1 分	
总分					

37. 试题编号:T-3-37　井底高程控制网的观测和简易平差计算

考核技能点编号:J-3-12

(1)任务描述

在井下巷道掘进过程中,须建立高程控制网。现有井底车场水准点 BM_A,高程为 -135.124 m,在巷道的顶部现已布设了水准点 BM_1,BM_2,BM_3 三个,按一级水准测量的要求完成该水准测量的外业工作和计算,得出待测点 BM_1,BM_2,BM_3 三点的高程。要求 4 人各观测一个测段,记录一个测段,记录者统计本测段的高差和距离;根据观测成果每人独立完成内业平差计算。

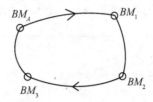

图 2-28　T-3-27 测量科

(2)实施条件

同试题 T-1-8。

(3)考试时量

4 人为一个小组。总时间 120 分钟,每人不超过 30 分钟。

(4)评价标准

①"成果精度"检测项目的评分标准为:测段高差与理论高差的差值超过 10 mm 计 0 分,不超过 5 mm 计满分,其余内插。

②其他检测项目的评价标准同试题 T-1-8。

38. 试题编号:T-3-38　井底高程控制网的观测和简易平差计算

考核技能点编号:J-3-12

(1)任务描述

在矿山联系测量中,已确定了近井点 BM_A 的高程为 55.235 m,现沿斜井到井底共布设了三个水准点 BM_1、BM_2、BM_3、BM_4,按四等水准测量的要求完成该水准测量的外业工作和计算,得出待测点 BM_1、BM_2 和井底车场 BM_3 的高程。4 人各观测一个测段,记录一个测段,记录者统计本测段的高差和距离;根据观测成果每人独立完成内业平差计算。

(2)实施条件

同试题 T-1-9。

(3)考试时量

4 人为一个小组。总时间 120 分钟,每一段每人不超过 20 分钟,超时则放弃本测段,换人进行下一测段的观测。

(4)评价标准

同试题 T-1-9。

39. 试题编号:T-3-39　井底巷道腰线的放样

考核技能点编号:J-3-12

(1)任务描述

某掘进巷道中位于顶板的水准点 A 高程为 -242.125 m,已知巷道 B 点处底板设计高 -245.617 m。请按 3‰上坡。在指定位置放样一组腰线。每人放一个腰线点。

(2)实施条件

表 2-167　T-3-39 实施条件

项目	基本实施条件	备注
场地	现场布设有一个水准点 A	必备
资料	一个已知高程的水准点资料成果	必备
设备	水准仪、水准仪脚架、双面水准标尺、木桩、油漆、皮尺、钢卷尺等	必备
工具	铅笔(自带)、水准测量记录用表格、计算器、记录夹板、手电筒、安全帽	必备
测评专家	考评员须为测绘专业毕业,熟知水准测量规范,从事过高程放样 2 年以上的教师或一线技术人员	必备

(3)考试时量

4 人为一个小组,每人用时不超过 30 分钟。

(4)评价标准

表 2-168　T-3-39 评价标准

序号	检测项目	标准分100	考核标准	评分标准	得分
1	职业素养	5	作业前仔细检查所需的仪器、资料、工具书、材料和辅助工具是否齐全,做好工作前准备	每漏掉一项(处)扣 1 分;扣完为止	
		5	任务完成后整理工作台面,将资料、工具书、材料和辅助工具归位,不损坏考试工具、资料及设施,有良好的环境保护意识		
		10	严格遵守考场纪律,能正确处理好与监考老师的关系	扰乱考场纪律扣 1~5 分;不尊重监考老师扣 1~5 分	
2	操作规范	20	仪器使用正确,思路清晰,操作规范	执行附件中扣分标准	
		10	放样程序正确		
3	计算	20	各项计算正确、测段累加正确	错一次扣 2 分	
4	放样正确	30	各测段的测站数为偶数,各项限差符合要求	超限一处扣 1 分;设站错误扣 10 分	
总分					

40. 试题编号:T-3-40　方案编写

考核技能点编号:J-3-12

(1)任务描述

某设计巷道中线为圆曲线。请按给定的该段巷道设计平面图,合理确定中线分段放样方案(即合理确定分段数,设计数据临场给出)。

(2)实施条件

表 2-169　T-3-40 实施条件

项目	基本实施条件	备注
场地	普通教室	必备
资料	巷道设计平面图	必备
设备	无	必备
工具	铅笔(自带)、计算器、记录夹板	必备
测评专家	考评员须为测绘专业毕业,熟知 2 年以上曲线放样的教师或一线技术人员	必备

（3）考试时量

1人独立完成，限时 40 分钟。

（4）评价标准

表 2-170　T-3-40 评价标准

序号	检测项目	标准分100	考核标准	评分标准	得分
1	职业素养	5	作业前仔细检查所需的起算数据、图纸、资料、材料和辅助工具是否齐全，做好工作前准备	每漏掉一项（处）扣1分	
		5	任务完成后整理工作台面，将起算数据、图纸、资料、材料和辅助工具归位，不损坏考试工具、资料及设施，有良好的环境保护意识	每漏掉一项（处）扣1分	
		10	严格遵守考场纪律，能正确处理好与监考老师的关系	扰乱考场纪律扣1~5分；不尊重监考老师扣1~5分	
2	成果质量	50	能按照给出的曲线数据正确给出中线分段方案	每错一处扣10分	
3	操作规范	30	字迹工整，卷面整洁	字迹涂抹、难以辨认等，每处酌扣3~5分	
			总分		

41. 试题编号：T-3-41　地下曲线放样点坐标计算

考核技能点编号：J-3-12

（1）任务描述

某设计巷道中线为圆曲线。圆心坐标 (x_0, y_0)，其曲线起点坐标 (x_1, y_1)，曲线半径 R，圆心角 α。现欲按 2 段放线，请求取曲线各点坐标。（数据临场给出）

（2）实施条件

表 2-171　T-3-41 实施条件

项目	基本实施条件	备注
场地	普通教室	必备
资料	圆心角 α、曲线半径 R 以及圆心坐标 (x_0, y_0)	必备
设备	装有 CAD 软件的电脑、计算用纸	必备
工具	铅笔（自带）、计算器、记录夹板	必备
测评专家	考评员须为测绘专业毕业，熟知 2 年以上曲线放样的教师或一线技术人员	必备

（3）考试时量

1人独立完成，限时 40 分钟。

（4）评价标准

表 2-172　T-3-41 评价标准

序号	检测项目	标准分 100	考核标准	评分标准	得分
1	职业素养	5	作业前仔细检查所需的起算数据、图纸、和辅助工具是否齐全,做好工作前准备	每漏掉一项(处)扣 1 分	
		5	任务完成后整理工作台面,将起算数据、和辅助工具归位,不损坏考试工具、资料及设施,有良好的环境保护意识	每漏掉一项(处)扣 1 分	
		10	严格遵守考场纪律,能正确处理好与监考老师的关系	扰乱考场纪律扣 1~5 分;不尊重监考老师扣 1~5 分	
2	操作规范	30	计算步骤明晰、正确	计算步骤不明晰扣 15 分	
3	成果质量	50	坐标计算正确	每个坐标值(X 或 Y)计算错误扣 10 分	
总分					

42. 试题编号:T-3-42　编写用品清单

考核技能点编号:J-3-12

(1)任务描述

某矿欲采用几何定向方法做一井定向,请拟写实施该项工作所需的人员、器材、工具及用品(技术资料除外)清单(可只写品种,不写数量)。

(2)实施条件

表 2-173　T-3-42 实施条件

项目	基本实施条件	备注
场地	普通教室	必备
工具	铅笔(自带)、计算器、记录夹板	必备
测评专家	考评员须为测绘专业毕业,熟知 2 年以上地下工程测量的教师或一线技术人员	必备

(3)考试时量

1 人独立完成,限时 40 分钟。

(4)评价标准

表 2-174　T-3-42 评价标准

序号	检测项目	标准分 100	考核标准	评分标准	得分
1	职业素养	20	严格遵守考场纪律,能正确处理好与监考老师的关系	扰乱考场纪律扣 1~5 分;不尊重监考老师扣 1~5 分	
2	操作规范	30	条理清晰、书写清晰工整	每错漏一处扣 5 分	
3	成果质量	50	分别列出技术资料、仪器工具、安全生产用品	主要用品每漏掉一项(处)扣 5 分	
总分					

43. 试题编号:T-3-43 拟写一井定向方案

考核技能点编号:J-3-12

(1)任务描述

某矿欲采用几何定向方法做一井定向,制定方案时需考虑若干技术要点,请就以下两点问题拟写方案,并绘制草图予以说明。

①外业观测量有哪些?

②如何推算井下起算边方位?

(2)实施条件

同试题 T-3-42。

(3)考试时量

1 人独立完成,限时 30 分钟。

(4)评价标准

表 2-175 T-3-43 评价标准

序号	检测项目	标准分100	考核标准	评分标准	得分
1	职业素养	20	严格遵守考场纪律,能正确处理好与监考老师的关系	扰乱考场纪律扣 1~5 分;不尊重监考老师扣 1~5 分	
2	操作规范	30	条理清晰、书写清晰工整	每错漏一处扣 5 分	
3	成果质量	50	正确列举外业观测量;井下起算边方位推算方法正确	外业观测量每漏掉一项(处)扣 5 分;方位推算步骤不正确扣 15 分	
总分					

44. 试题编号:T-3-44 拟写联系三角技术方案

考核技能点编号:J-3-12

(1)任务描述

一井定向工作中需布置联系三角形。请绘制联系三角形草图并拟写布设联系三角形的技术要点。

(2)实施条件

同试题 T-3-42。

(3)考试时量

1 人独立完成,限时 30 分钟。

(4)评价标准

表 2-176 T-3-44 评价标准

序号	检测项目	标准分100	考核标准	评分标准	得分
1	职业素养	20	严格遵守考场纪律,能正确处理好与监考老师的关系	扰乱考场纪律扣 1~5 分;不尊重监考老师扣 1~5 分	
2	操作规范	30	技术要点条理清晰、书写清晰工整;附图清晰准确	技术要点条理不清或书写不规范每处酌扣 3~5 分;无附图或附图不清晰扣 10 分	
3	成果质量	50	草图正确;技术要点正确完备	草图不正确扣 15 分;技术要点遗漏或错误每处扣 15 分	
总分					

45. 试题编号：T-3-45 绘制实测巷道平面图

考核技能点编号：J-3-4、J-3-12

(1)任务描述

测量小组欲测制巷道实测平面图，请完成以下工作。

①拟写巷道平面图测量技术要点。

②按给定的数据(含比例尺、控制点坐标、实测数据等，由赛点临场给定)绘制横断面图。

(2)实施条件

表 2-177　T-3-45 实施条件

项目	基本实施条件	备注
场地	教室	必备
资料	各个横断面上的桩号、横断面上各高程变换点距中桩点的平距及各点高程	必备
设备	坐标格网纸	必备
工具	铅笔(自带)、计算器、直尺等	必备
测评专家	考评员须为测绘专业毕业，熟知 2 年以上工程测量的教师或一线技术人员	必备

(3)考试时量

1 人独立完成，限时 40 分钟。

(4)评价标准

表 2-178　T-3-45 评价标准

序号	检测项目	标准分 100	考核标准	评分标准	得分
1	职业素养	5	作业前仔细检查所需的图纸、资料、工具书、材料和辅助工具是否齐全，做好工作前准备	每漏掉一项(处)扣 1 分	
		5	任务完成后整理工作台面，将图纸、资料、工具书、材料和辅助工具归位，不损坏考试工具、资料及设施，有良好的环境保护意识	每漏掉一项(处)扣 1 分	
		10	严格遵守考场纪律，能正确处理好与监考老师的关系	扰乱考场纪律扣 1~5 分；不尊重监考老师扣 1~5 分	
2	操作规范	20	思路清晰，编写测量技术要点条理清晰	每错漏一处扣 2 分	
		10	工作精益求精，计算资料(文字、图表等)字迹工整、格式规范	就字改字、涂改或字迹模糊影响识读的，每出现一次扣 1 分	
3	成果质量	25	测量技术要点完整、正确	每错误一处扣 3 分	
		25	根据给出的数据绘制的实测平面图正确	每错误一处扣 3 分	
			总分		

46. 试题编号：T-3-46 巷道绘制纵断面图

考核技能点编号：J-3-4、J-3-12

(1)任务描述

测量小组欲测制巷道纵断面图,请完成以下工作。

①拟写巷道纵断面测量技术要点。

②按给定的数据(由赛点临场给定)绘制纵断面图。

(2)实施条件

①"资料"项目的基本实施条件为:纵断面的里程和各里程点的高程。

②其他项目的基本实施条件同试题 T-3-45。

(3)考试时量

1 人独立完成,限时 40 分钟。

(4)评价标准

同试题 T-3-45。

47. 试题编号:T-3-47 巷道内的高程测量

考核技能点编号:J-3-12

(1)任务描述

位于井下巷道顶板的已知点 A_1 高程为 -242.652 m。请按地下水准测量方法测量位于巷道顶板上的控制点 A_2 的高程。要求单向不少于两站,至少一个转点在顶板。每人至少完成一测站观测、记录。

(2)实施条件

表 2-179　T-3-47 实施条件

项目	基本实施条件	备注
场地	现场布设 A_1 点以及 A_2 点	必备
资料	已知 A_1 点的高程	必备
设备	水准仪、水准仪脚架、双面水准标尺、尺垫	必备
工具	铅笔(自带)、水准测量记录用表格、计算器、记录夹板、手电筒、安全帽	必备
测评专家	考评员须为测绘专业毕业,熟知水准测量规范,从事过水准测量工作 2 年以上的教师或一线技术人员	必备

(3)考试时量

4 人完成,限时 10 分钟。

(4)评价标准

表 2-180　T-3-47 评价标准

序号	检测项目	标准分 100	考核标准	评分标准	得分
1	职业素养	5	作业前仔细检查所需的仪器、脚架和辅助工具工作是否正常,工具书、材料、记录表格是否齐全,明确小组分工,做好工作前准备	每漏掉一项(处)扣 1 分	
		5	任务完成后将仪器正确装箱、收脚架,清点好工具书、材料、记录表格和辅助工具,不损坏考试仪器、脚架、辅助工具、资料及设施,有良好的环境保护意识	每漏掉一项(处)扣 1 分	
		10	严格遵守考场纪律,能正确处理好与监考老师的关系	扰乱考场纪律扣 1～5 分;不尊重监考老师扣 1～5 分	

续表

序号	检测项目	标准分100	考核标准	评分标准	得分
2	操作规范	10	按操作规程安置水准仪	每错一处扣1分	
		10	观测操作规范,读数果断	每错一处扣2分	
		10	手簿记录完整,划改规范,记录字迹工整,回报及时、准确	每错一处扣1分	
3	成果质量	50	成果合格	成果超限扣30分	
			手簿计算项目齐全,计算结果正确	手簿缺少计算项,每出现一次扣1分;手簿计算错误,每出现一次扣1分	
总分					

48. 试题编号:T-3-48 沉降观测数据处理

考核技能点编号:J-3-13、J-3-15

(1)任务描述

××市天然气液化项目场地回填及地基处理工程项目 K3 区第一次沉降监测于 2006 年 4 月 26 号完成首期观测,4 月 27 号进行第二次观测,两期测点数据由现场提供,在规定的时间内完成 K3 区的 W3-1、W3-2、W3-3 监测点的本次沉降量和累计沉降量的计算工作。

请做以下工作:

①在 Excel 表格中完成沉降变形量的计算工作。

②设计一份××市天然气液化项目场地回填及地基处理工程项目沉降观测成果计算表格,并完成前两期的计算工作。

(2)实施条件

表 2-181 T-3-48 实施条件

项目	基本实施条件	备注
场地	有 45 台电脑的机房	必备
资料	野外观测资料成果	必备
设备	装有 Excel 软件的电脑	必备
测评专家	考评员须为测绘专业毕业,熟知变形监测工作,从事过变形监测工作 2 年以上的教师或一线技术人员	必备

(3)考试时量

1 人独立完成,限时 40 分钟。

(4)评价标准

表 2-182　T-3-48 评价标准

序号	检测项目	标准分 100	考核标准	评分标准	得分
1	变形量数据计算	30	沉降量和累计沉降量数据计算	每错一处扣 2 分	
2	沉降监测成果表格设计	35	沉降监测成果表格设计合理	设计缺少一处重要项扣 5 分	
3	沉降监测成果计算	10	表格计算正确	错一处扣 2 分	
4	用时	15	标准用时 90 分钟	每提前 1 分钟得 1 分	
5	其他	10	检查观测数据、资料是否齐全,检查数据是否正确,做好工作前的准备工作	有违安全、文明生产要求,以及前款未提及的技术瑕疵,每项扣 1 分	
			总分		

49. 试题编号:T-3-49　水平位移监测处理

考核技能点编号:J-3-14、J-3-15

(1)任务描述

××市天然气液化项目场地回填及地基处理工程项目 K3 区第一次监测于 2006 年 4 月 26 号完成首期观测,4 月 27 号进行第二次观测,两期测点数据由现场提供。在规定的时间内完成 W 3-1、3-2、W 3-3 监测点相关的 A 轴及 B 轴方向的位移量计算。

请完成以下工作:

①在 Excel 表格中完成 A 轴及 B 轴的位移量计算工作;

②设计一份××市天然气液化项目场地回填及地基处理工程项目水平位移成果计算表格,并完成前两期的计算工作。

(2)实施条件

同试题 T-3-48。

(3)考试时量

1 人独立完成,限时 40 分钟。

(4)评价标准

表 2-183　T-3-49 评价标准

序号	检测项目	标准分 100	考核标准	评分标准	得分
1	位移计算	30	水平位移量和累计变形量数据计算正确	每错一处扣 2 分	
2	水平位移监测成果表格设计	35	水平位移监测成果表格设计合理	设计缺少一处重要项扣 5 分	

续表

序号	检测项目	标准分100	考核标准	评分标准	得分
3	水平位移监测成果计算	10	表格计算正确	错一处扣2分	
4	用时	15	标准用时90分钟	每提前1分钟得1分	
5	其他	10	检查观测数据、资料是否齐全,检查数据是否正确,做好工作前的准备工作	有违安全、文明生产要求,及技术瑕疵,每项扣1分	
总分					

50. 试题编号:T-3-50 测斜管位移监测计算

考核技能点编号:J-3-14、J-3-15

(1)任务描述

××酒店及住宅小区项目地基处理中,对 C_1 孔进行了61次测斜管位移监测,请按照要求(现场提供)的第一期和第二期的位移监测记录表格,要求在第二期记录表格中设置自动计算各位移量,并完成后期位移记录表格的设计。

(2)实施条件

同试题 T-3-48。

(3)考试时量

1人独立完成,限时40分钟。

(4)评价标准

表 2-184 T-3-50 评价标准

序号	检测项目	标准分100	考核标准	评分标准	得分
1	变形量数据计算	10	表格计算正确	错误扣10分	
2	自动计算	40	设置正确	没有设计自动计算扣20分	
3	后几期的表格设计	20	设计正确	没有完成扣20分	
4	用时	15	标准用时90分钟	每提前3分钟得1分	
5	其他	15	检查观测数据、资料是否齐全,检查数据是否正确,做好工作前的准备工作	有违安全、文明生产要求,以及前款未提的技术瑕疵,每项扣1分	
总分					

51. 试题编号:T-3-51 道路监测工程边桩的水平位移观测计算

考核技能点编号:J-3-14、J-3-15

(1)任务描述

根据现场提供的某道路监测工程中边桩部分测点水平位移两期观测记录表,完成边桩的水平位移的计算(要求用 Excel 的自动计算功能)。

(2)实施条件

同试题 T-3-48。

(3)考试时量

1 人独立完成,限时 40 分钟。

(4)评价标准

表 2-185　T-3-51 评价标准

序号	检测项目	标准分 100	考核标准	评分标准	得分
1	变形量数据计算	20	表格计算正确	错误扣 20 分	
2	自动计算	50	设置正确	没有设计自动计算扣 20 分	
3	用时	15	标准用时 90 分钟	每提前 3 分钟得 1 分	
4	其他	15	检查观测数据、资料是否齐全,检查数据是否正确,做好工作前的准备工作	有违安全、文明生产要求,以及前款未提及的技术瑕疵,每项扣 1 分	
总分					

52. 试题编号:T-3-52　道路监测工程边桩高程观测计算

考核技能点编号:J-3-13、J-3-15

(1)任务描述

根据现场提供的某道路监测工程中部分测点边桩两期观测记录表,完成边桩的高程计算(要求用 Excel 的自动计算功能)。

(2)实施条件

同试题 T-3-48。

(3)考试时量

1 人独立完成,限时 40 分钟。

(4)评价标准

同试题 T-3-51。

53. 试题编号:T-3-53　道路监测工程边桩水平位移和高程观测计算

考核技能点编号:J-3-13、J-3-14、J-3-15

(1)任务描述

根据现场提供的某道路监测工程中部分测点边桩两期观测记录表,完成边桩的水平位移和高程计算(要求用 Excel 的自动计算功能)。

(2)实施条件

同试题 T-3-48。

(3)考试时量

1 人独立完成,限时 40 分钟。

(4)评价标准

同试题 T-3-51。

54. 试题编号:T-3-54 基坑工作基点稳定性监测

考核技能点编号:J-3-13、J-3-15

(1)任务描述

对某基坑进行沉降监测工作,以国家二等水准点作为沉降观测的水准基点,分别在基坑东北角新兴路东面 8 层高楼房、基坑西北角振兴路西面 4 层楼房以及基坑西南角振兴路西面 7 层楼房的承重柱上选取 3 个点作为沉降观测的水准基点。首期观测已经测得 3 个工作基点的高程,请进行二期观测监测工作基点的稳定性。

请做以下工作:

①完成二等水准的外业观测工作。

②计算工作基点的高程。

③判读工作基点的稳定性。

(2)实施条件

表 2-186 T-3-54 实施条件

项目	基本实施条件	备注
场地	基坑	必备
资料	水准记录表格和已知数据,第一期成果	必备
设备	精密水准仪一套,计算器一台	必备
测评专家	考评员须为测绘专业毕业,熟知变形监测工作,从事过变形监测工作 2 年以上的教师或一线技术人员	必备

(3)考试时量

3 人合作完成,限时 90 分钟。

(4)评价标准

表 2-187 T-3-54 评价标准

序号	检测项目	标准分 100	考核标准	评分标准	得分
1	观测	30	螺旋使用正确,观测顺序满足要求	观测顺序错一处扣 5 分	
2	测站计算	30	记录符合要求,计算正确	记录不合规范一处扣 2 分,计算错误一处扣 2 分	
3	高程计算	10	高程计算正确	监测点高程计算错一处扣 2 分	
4	成果质量	20	成果合格,满足要求	满足限差 20 分,超限扣 20 分	
5	其他	10	检查观测数据、资料是否齐全,检查数据是否正确,做好工作前的准备工作	有违安全、文明生产要求,以及前款未提及的技术瑕疵,每项扣 1 分	
			总分		

55. 试题编号:T-3-55 基坑沉降观测点监测外业工作

考核技能点编号:J-3-13、J-3-15

(1)任务描述

对某基坑进行第二次沉降监测工作,已知测区 3 个工作基点是稳定的,请按二级变形观测精度要求完成测区内所有沉降观测点的观测工作,并计算各观测点的本次沉降量和累计沉降量。

请做以下工作:

①完成二等水准的外业观测工作。

②计算沉降观测点的高程。

③计算观测点本次沉降量和累计沉降量。

(2)实施条件

同试题 T-3-54。

(3)考试时量

3 人合作完成,限时 90 分钟。

(4)评价标准

同试题 T-3-54。

56. 试题编号:T-3-56 建筑物沉降及荷重曲线图绘制

考核技能点编号:J-3-13、J-3-15

(1)任务描述

根据某建筑物的外业成果数据(现场提供),在规定的时间内完成各监测点的沉降量计算工作,绘出所有监测点的沉降位移曲线图和建筑物荷重曲线图。

请做以下工作:

①完成表格中相关变形量的计算。

②绘制监测点 1、2、3、4、5、6 的沉降曲线图及荷重曲线图。

③写出变形监测分析结果(按相关规范要求,沉降量累计超过 200 mm,处于不安全的状态)。

(2)实施条件

同试题 T-3-49。

(3)考试时量

1 人独立完成,限时 40 分钟。

(4)评价标准

表 2-188 T-3-56 评价标准

序号	检测项目	标准分100	考核标准	评分标准	得分
1	变形量数据计算	30	沉降量和累计沉降量数据计算	每错一处扣 2 分	
2	曲线绘制	30	沉降曲线图绘制、荷重曲线图绘制	绘制错误一处扣 5 分	
3	监测结果分析	15	沉降量监测结果判断	结果判断错误扣 15 分	
4	用时	15	标准用时 40 分钟	40 分钟内完成得 9 分,24 分钟内完成得 15 分,其余内插	
5	其他	10	检查观测数据、资料是否齐全,检查数据是否正确,做好工作前的准备工作	有违安全、文明生产要求,以及前款未提及的技术瑕疵,每项扣 1 分	
总分					

57. 试题编号：T-3-57 沉降观测计算

考核技能点编号：J-3-13、J-3-15

（1）任务描述

根据某实训大楼的沉降观测数据（现场提供），在规定的时间内完成监测点的本次沉降量和累计沉降量的计算工作，并绘出监测点的沉降曲线图。

请做以下工作：

①在 Excel 表格中完成监测点的本次沉降量和累计沉降量的计算。

②绘制监测点的沉降曲线图。

③写出变形监测分析结果（按相关规范要求，沉降量累计超过 300 mm 时，处于不安全的状态）。

（2）实施条件

同试题 T-3-37。

（3）考试时量

1 人独立完成，限时 40 分钟。

（4）评价标准

同试题 T-3-44。

四、工程测量监理模块

1. 试题编号：T-4-1 交接桩与控制桩复核

考核技能点编号：J-4-1

（1）任务描述

为承接产业转移，××市拟新建一工业区，区域宽约 1 km，长约 4 km，占地面积约为 4km^2，通过公开招标选定了××公司为项目的施工单位。在施工准备阶段，设计单位提供了该项目勘测设计阶段的平面控制资料（控制网的布设方案、控制点成果表等），监理单位经实地踏勘认为控制点保存完好，并按照监理工作的要求组织设计单位、施工单位和监理单位完成了现场交桩工作。交接桩工作完成后，施工单位采用测角精度为 2″、测距精度为 $m_D = 3$ mm$+2×10^{-6}·D$ 的全站仪按以下技术要求对控制网进行了复测（复测时控制网的布设图形与勘测设计阶段相同、观测成果见观测手簿），认为设计单位提供的平面控制点成果误差较大，无法达到场区平面控制网的精度要求。

表 2-189 T-4-1 观测结果

等级	导线长度（km）	平均边长（km）	测角中误差（″）	测距相对中误差	测回数	方位角闭合差（″）	导线全长相对闭合差
一级	2	100～300	5	1/30 000	3	$10\sqrt{n}$	≤1/15 000

请根据上述描述，回答以下问题：

①交接桩工作程序是否符合要求？为什么？

②施工单位复测的技术要求是否符合规范要求？

③设计单位提供的控制点成果能否作为场区平面控制网使用？为什么？

（2）实施条件

同试题 T-1-25。

（3）考核时量

1人独立完成,限时45分钟。

（4）评价标准

表2-190 T-4-1评价标准

序号	检测项目	标准分 100	考核标准	评分标准	得分
1	职业素养	5	作业前仔细检查所需的起算数据、观测手簿、图纸、资料、材料和辅助工具是否齐全,做好工作前准备	每漏掉一项(处)扣1分	
		5	任务完成后整理工作台面,将起算数据、观测手簿、图纸、资料、材料和辅助工具归位,不损坏考试工具、资料及设施,有良好的环境保护意识	每漏掉一项(处)扣1分	
		10	严格遵守考场纪律,能正确处理好与监考老师的关系	扰乱考场纪律扣1~5分;不尊重监考老师扣1~5分	
2	操作规范	10	解决问题思路清晰,文字表述无二义性	表述模糊每处扣2分	
		10	工作精益求精,文字和图表等字迹工整、格式规范	就字改字、涂改或字迹模糊影响识读的,每出现一次扣1分	
		10	计算表格填写完整,字迹工整,划改规范,版面整洁	就字改字、涂改或字迹模糊影响识读的,每出现一次扣1分	
3	问题1	10	答案准确	答案错误扣10分;未回答"为什么"扣7分	
4	问题2	5	答案正确	错误扣5分	
5	问题3	35	通过分析严密平差成果,正确回答问题	答案错误扣35分;平差成果每缺少一项扣5分	
总分					

说明:

①平差成果至少应包含控制网概况、起算数据、观测数据、必要的中间数据、控制点成果、单位权中误差、点位误差椭圆参数、点位中误差。

2. 试题编号:T-4-2 交接桩与控制桩复核

考核技能点编号:J-4-1

（1）任务描述

为承接产业转移,××市拟新建一工业区,区域宽约1 km,长约4 km,占地面积约为4 km²,通过公开招标选定了××公司为项目的施工单位。在施工准备阶段,设计单位提供了该项目勘测设计阶段的高程控制资料(控制网的布设方案、控制点成果表等),监理单位经实地踏勘认为控制点保存完好,并按照监理工作的要求组织设计单位、施工单位和监理单位完成了现场交桩工作。交接桩工作完成后,施工单位采用S3型水准仪按三等水准测量的技术要求对控制网进行了复测(复测时控制网的布设图形与勘测设计阶段相同、观测成果见观测手簿),认为设计单位提供的高程控制点成果误差较大,无法达到场区高程控制网的精度要求。

请根据上述描述,回答以下问题:

①交接桩工作程序是否符合要求？为什么？
②施工单位复测的技术要求是否符合规范要求？
③设计单位提供的控制点成果能否作为场区高程控制网使用？为什么？

（2）实施条件

表 2-191 T-4-2 实施条件

项目	基本实施条件	备注
场地	放置 10 张以上课桌的教室 1 间	必备
设施设备	水准路线观测略图 1 张，水准点成果资料，水准测量观测手簿	按人配备
工具	《工程测量规范》(GB 50026—2007)，透明直尺、量角器、水准测量高程计算表、非可编程计算器(函数型)、草稿纸	按人配备
测评专家	考评员须为测绘专业毕业，熟知《工程测量规范》(GB 50026—2007)，从事过水准测量工作 2 年以上的教师或一线技术人员	必备

（3）考核时量

1 人独立完成，限时 45 分钟。

（4）评价标准

表 2-192 T-4-2 评价标准

序号	检测项目	标准分 100	考核标准	评分标准	得分
1	职业素养	5	作业前仔细检查所需的起算数据、观测手簿、图纸、资料、材料和辅助工具是否齐全，做好工作前准备	每漏掉一项(处)扣 1 分	
		5	任务完成后整理工作台面，将起算数据、观测手簿、图纸、资料、材料和辅助工具归位，不损坏考试工具、资料及设施，有良好的环境保护意识	每漏掉一项(处)扣 1 分	
		10	严格遵守考场纪律，能正确处理好与监考老师的关系	扰乱考场纪律扣 1~5 分；不尊重监考老师扣 1~5 分	
2	操作规范	10	解决问题思路清晰，文字表述无二义性	表述模糊每处扣 2 分	
		10	工作精益求精，文字和图表等字迹工整、格式规范	就字改字、涂改或字迹模糊影响识读的，每出现一次扣 1 分	
		10	计算表格填写完整，字迹工整，划改规范，版面整洁	就字改字、涂改或字迹模糊影响识读的，每出现一次扣 1 分	
3	问题 1	15	答案准确	答案错误扣 15 分；未回答"为什么"扣 10 分	
4	问题 2	10	答案正确	错误扣 10 分	
5	问题 3	25	通过分析严密平差成果，正确回答问题	答案错误扣 25 分；平差成果每缺少一项扣 4 分	
总分					

说明：

①平差成果至少应包含控制网概况、起算数据、观测数据、必要的中间数据、控制点成果、高差闭合差、高差闭合差限差。

3. 试题编号:T-4-3 施工测量方案的审核

考核技能点编号:J-4-2

(1)任务描述

某市经开区新规划一重要工业区,区域宽约 1 km,长约 4 km,占地面积约为 4 km²,前期勘察阶段平面控制点为 E 级 GPS 点,在本区域有 4 个,并提供了二等水准高程。甲公司中标本工程的场地平整及场地道路路基建设项目,甲公司进场后立即进行平面和高程控制网布设,从工程质量控制方面考虑,你认为甲单位应当做哪些物资准备和技术准备,平面控制网、高程控制网应如何布网,什么等级? 列举各类控制网的主要技术要求。

(2)实施条件

表 2-193 T-4-3 实施条件

项目	基本实施条件	备注
资料	测量成果资料,施工图纸(平面图)	必备
工具与材料	《工程测量规范》(GB50026—2007)、答题纸	必备
测评专家	考评员须为测绘专业毕业,熟知《工程测量规范》(GB50026—2007),从事相关工作 2 年以上的教师或一线技术人员	必备

(3)考试时量

1 人独立完成,120 分钟。

(4)评价标准

表 2-194 T-4-3 评价标准

序号	检测项目	标准分 100	考核标准	评分标准	得分
1	职业素养	5	作业前仔细检查所需的资料、工具书、材料和辅助工具是否齐全,做好工作前准备	工作有序、检查到位得满分;检查或归位每漏掉一项(处)扣 1 分;扣完为止	
		5	任务完成后整理工作台面,将资料、工具书、材料和辅助工具归位,不损坏考试工具、资料及设施,有良好的环境保护意识		
		10	严格遵守考场纪律,能正确处理好与监考老师的关系	扰乱考场纪律扣 1~5 分;不尊重监考老师扣 1~5 分	
2	物资准备技术准备	20	思路清晰,熟读图纸,资料交接,控制点复核。仪器设备,检测资料	字迹工整、格式规范。技术交底、资料交接、仪器设备、检测资料各得 5 分	
3	平面控制网	10	控制网形式选择合理,依据充分	形式合理选择 5 分,选择依据充分得 5 分	
		10	控制网等级选择合理,依据充分	等级合理选择 5 分,选择依据充分得 5 分	
		10	主要技术要求名称、限差	每错一项扣 1 分,扣完为止	
4	高程控制网	10	控制网形式选择合理,依据充分	形式合理选择 5 分,选择依据充分得 5 分	
		10	控制网等级选择合理,依据充分	等级合理选择 5 分,选择依据充分得 5 分	
		10	主要技术要求名称、限差	每错一项扣 1 分,扣完为止	
		总分			

4. 试题编号:T-4-4 施工测量方案的审核

考核技能点编号:J-4-2

(1)任务描述

某市经开区新规划一重要工业区,区域宽约 1 km,长约 4 km,占地面积约为 4 km²,前期勘察阶段平面控制点为 E 级 GPS 点,在本区域有 4 个,并提供了二等水准高程成果。甲公司中标本工程的场地平整及场地道路路基建设项目,甲公司进场后立即进行导线和高程控制网布设方案,经技术负责人签字后,报送测量专业监理工程师,经审批后实施。

你认为平面控制采用导线网是否合理?对甲公司提交的平面控制网设计方案作哪些方面的审核?用图解法审核各控制点的通视情况,估算控制网的精度,并对甲公司的设计方案进行优化(不追求最优化)。

(2)实施条件

表 2-195 T-4-4 实施条件

项目	基本实施条件	备注
资料	施工图纸;测量成果资料,导线网设计方案	必备
工具与材料	透明胶、直尺、铅笔、橡皮、A4 白纸	必备
测评专家	考评员须为测绘专业毕业,熟知《工程测量规范》,从事相关工作 2 年以上的教师或一线技术人员	必备

(3)考试时量

1 人独立完成,限时 120 分钟。

(4)评价标准

表 2-196 T-4-4 评价标准

序号	检测项目	标准分 100	考核标准	评分标准	得分
1	职业素养	5	作业前仔细检查所需的图纸、资料、工具书、材料和辅助工具是否齐全,做好工作前准备	工作有序、检查到位得满分;检查或归位每漏掉一项(处)扣 1 分;扣完为止	
		5	任务完成后整理工作台面,将图纸、资料、工具书、材料和辅助工具归位,不损坏考试工具、资料及设施,有良好的环境保护意识		
		10	严格遵守考场纪律,能正确处理好与监考老师的关系	扰乱考场纪律扣 1~5 分;不尊重监考老师扣 1~5 分	
2	方案审核	15	思路清晰,审核的主要内容,程序和方法正确	审核程序方法正确得 5 分;审核内容每漏掉一处扣 1 分;扣完为止	
		5	工作精益求精,审核字迹工整、批改格式规范	就字改字、涂改或字迹模糊影响识读的,每出现一次扣 1 分	
3	图解法	10	作图规范,字迹工整,有结论	每错一处扣 1 分;扣完为止。	

续表

序号	检测项目	标准分100	考核标准	评分标准	得分
4	精度估算	20	方法选择正确,图形转换正确,路线长度计算正确,点位权计算正确,结点点位中误差计算正确,最弱点位置正确	方法正确5分;其他每错一处扣2分,结论错误扣3分,扣完为止	
		5	有结论		
5	方案优化	10	思路清晰,正确考虑优化质量指标(精度、可靠性、费用)	每缺一处扣1分	
		5	能列举优化设计的固定参数、待定参数	每缺一处扣1分	
		10	优化设计方法选择正确,给出合理的点位布设和观测数目	每处错误扣1分	
总分					

5. 试题编号:T-4-5 土石方工程量复核

考核技能点编号:J-4-3

(1)任务描述

某市经开区新规划一重要工业区,区域宽约 1 km,长约 4 km,占地面积约为 4 km²,前期勘察阶段平面控制点为 E 级 GPS 点,在本区域有 4 个,并提供了二等水准高程。其中土方设计为:清除表面 30 cm 腐殖土,场内土方平衡调配,场内横坡 $i=0.2‰$,纵坡为 0。甲公司中标本工程的场地平整建设项目,进场后进行了平面和高程控制网布设,从工程费用控制方面考虑,请以公平、公正的原则,组织相关人员进行土方工程复核工作。

场地在考核地随机选择一块不小于 100 m×200 m 的区域,假定高程,进行全站仪数据采集,按上述坡度进行场地平衡,计算面积选取 100 m×200 m。

要求:每人各进行一半数据采集,操作仪器的人同时做好记录;一人一份计算成果,手工＋计算器计算,不得用电脑计算。

(2)实施条件

表 2-197 T-4-5 实施条件

项目	基本实施条件	备注
场地	约 100 m×200 m 的模拟施工区域	必备
资料	测量成果资料,施工图纸(平面图)	必备
仪器、工具	全站仪 1 台、棱镜 1 套、铅笔、记录纸、记录夹板、A4 白纸、计算器	必备
测评专家	考评员须为测绘专业毕业,熟知《工程测量规范》,从事过施工测量工作 2 年以上的教师或一线技术人员	必备

(3)考试时量

2 人共同在 150 分钟内完成。

(4)评价标准

表 2-198　T-4-5 评价标准

序号	检测项目	标准分 100	考核标准	评分标准	得分
1	职业素养	5	作业前仔细检查所需的资料、工具书、材料和辅助工具是否齐全，做好工作前准备	工作有序、检查到位得满分；检查或归位每漏掉一项（处）扣 1 分；扣完为止	
		5	任务完成后整理工作台面，将资料、工具书、材料和辅助工具归位，不损坏考试工具、资料及设施，有良好的环境保护意识		
		10	严格遵守考场纪律，能正确处理好与监考老师的关系	扰乱考场纪律扣 1～5 分；不尊重监考老师扣 1～5 分	
2	数据采集、记录	10	能按操作规程安置使用全站仪	每一不规范处扣 1 分	
		10	观测规范、读数干脆，记录准确，格式规范	每一不规范处扣 1 分	
		10	碎部点选点准确，密度符合要求	每一不规范处扣 1 分	
3	计量方法	5	方法选择正确，选择依据充分	形式合理选择 3 分，选择依据充分得 2 分	
		10	原始数据处理、等高线勾画合理，格网数据内插正确；格网设计数据计算正确	每错一项扣 0.5 分，扣完为止	
		25	挖填分界线位置正确，表现形式正确；挖填深度计算正确，表示形式准确；格网工程量计算正确，累计工程量计算正确	每错一项扣 0.5 分，扣完为止	
4	结论	10	资料整理规范，有结论，字迹工整	每空一项扣 1 分	
		总分			

6. 试题编号：T-4-6　土石方工程量复核

考核技能点编号：J-4-3

（1）任务描述

某等级公路 K5＋000～K5＋037.5 段的路基设计参数如下所示：

①路基宽度 20 米。

②K5＋000 中桩（路基）设计标高 92 米。

③路段的路基纵坡率为 5‰，横坡率为 1.5%。

④左、右边坡的坡度均为 1∶1.5。

⑤左、右边沟上宽为 1.5 米，下宽为 0.5 米，沟高 0.75 米。

为了确保该路段路基土石方总量的准确性和公正性，强化施工过程中土方量计量的过程管理，在施工单位对工程的原地面线进行实际测定时，监理员采用旁站监理方式，同步记录观测数据并整理完成如表 2-200 所示的横断面测量成果表，请用断面法计算该段路基工程的土石方量。

（2）实施条件

表 2-199　T-4-6 实施条件

项目	基本实施条件	备注
场地	能放置 12 张以上电脑桌的教室（或机房）1 间	必备
资料	测量成果资料，施工图纸（平面图）	必备
仪器、工具	安装好土石方量计算软件、Office 2003 软件和打印机驱动程序（共享打印机）的计算机 12 台（2 台备用），A4 激光打印机 2 台（1 台备用），组成一个局域网（≥100M）	计算机按人配备
测评专家	考评员须为测绘专业毕业，熟知《工程测量规范》，从事过施工测量工作 2 年以上的教师或一线技术人员	必备

（3）考试时量

1 人独立完成，限时 45 分钟。

（4）评价标准

表 2-200　T-4-6 评价标准

序号	检测项目	标准分 100	考核标准	评分标准	得分
1	职业素养	5	作业前仔细检查所需的资料、工具书、材料和辅助工具是否齐全，做好工作前准备	工作有序、检查到位得满分；检查或归位每漏掉一项（处）扣 1 分；扣完为止	
		5	任务完成后整理工作台面，将资料、工具书、材料和辅助工具归位，不损坏考试工具、资料及设施，有良好的环境保护意识		
		10	严格遵守考场纪律，能正确处理好与监考老师的关系	扰乱考场纪律扣 1～5 分；不尊重监考老师扣 1～5 分	
2	操作规范	15	能按操作规程使用计算机	每一不规范处扣 3 分	
		15	软件操作步骤正确	每一不规范处扣 3 分	
3	结果及质量	10	计算结果的图形布局合理	出现重叠每处扣 5 分	
		10	断面图的纵横比例尺选择合理	纵、横比例尺不合适，每个扣 5 分	
		30	工程量计算正确	每错一处扣 3 分，扣完为止	
总分					

表 2-201　横断面测量成果表

承包单位:湖南××公路桥梁建设总公司				编号:			
监理单位:湖南××交通工程咨询监理公司				合同号:1 标段			
分项工程名称:　　　　路基工程				日期:			
桩号及部位:　K5+000~K5+037.5 开挖前				仪器:　全站仪			

| 桩号 | 距中桩距离(m) | | 高程(m) | 桩号 | 距中桩距离(m) | | 高程(m) |
	左	右			左	右	
K5+000	0		90.17	K5+020	0		93.82
	12.62		95.28		3.82		90.56
	18.27		92.24		7.54		92.29
	27.57		93.55		12.62		98.05
		3.82	89.89		26.32		89.62
		8.00	87.63			7.48	89.85
		19.33	88.44			13.92	95.25
		21.58	90.40			18.33	89.73
		23.32	85.65			24.71	92.33
K5+013.26	0		96.11	K5+037.50	0		88.34
	7.58		98.22		7.52		86.95
	13.92		93.28		25.46		87.58
	19.33		88.44			7.41	88.14
	25.32		85.65			17.28	93.11
		7.54	92.62			30.05	88.56
		12.62	89.92				
		16.55	87.94				
		27.54	89.89				

测量:张三　　记录:李四　　计算:李四　　复核:张三　　监理工程师:王五

7. 试题编号:T-4-7　中心桩的放样复核坐标设计计算

考核技能点编号:J-4-4

(1)任务描述

某高速公路勘察单位提供的控制点(A,B 两点)为四等 GPS 点,高程为二等水准,已知 A 点的高程为 430.74 m,B 点的高程为 422.10 m。A,B 分别位于距线路两侧路堑边坡 5~10 m 处,相对应里程桩约为 A(K28+100),B(K29+650),在路基工程竣工验收合格后,乙公司中标路面工程,进场后随即安排在(K28+600~K29+200)段进行水泥稳定碎石底基层试验段施工,乙公司测量人员认为这段是直线段,路基验收时留下的中心桩可以作为底基层施工的中心桩。

你认为有什么不妥? 应当如何处理? 请你协助乙公司完成此段中心桩的放样复核工作,计算中心放样数据,设计放样复核记录表格。

已知数据:A(511.958,495.467),　B(788.958,2178.435);

　　　　　YZ(509.345,928.555),YZ(782.501,1680.477)。

(2)实施条件

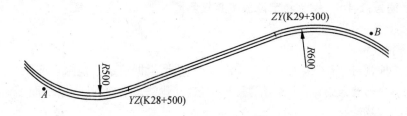

图 2-29 线路示意图

表 2-202 T-4-7 实施条件

项目	基本实施条件	备注
场地	普通教室 1 间	必备
设施设备	线路图 1 张,已知点成果资料	按人配备
工具与材料	编程计算器 1 个、直尺、计算用 A4 纸、钢笔	按人配备
测评专家	考评员须为测绘专业毕业,熟知《工程测量规范》(GB 50026—2007),从事过导线测量工作 2 年以上的教师或一线技术人员	必备

（3）考试时量

1 人独立完成,限时 120 分钟。

（4）评价标准

表 2-203 T-4-7 评价标准

序号	检测项目	标准分 100	考核标准	评分标准	得分
1	职业素养	5	作业前仔细检查所已知数据,回答问题条理清楚	工作有序、检查到位得满分;检查或归位每漏掉一项(处)扣 1 分	
		5	卷面整洁,不损坏考试工具、资料及设施,有良好的环境保护意识		
		10	严格遵守考场纪律,能正确处理好与监考老师的关系	扰乱考场纪律扣 1~5 分;不尊重监考老师扣 1~5 分	
2	操作规范	10	回答问题正确,理由充分	答案错,扣 5 分,理由不充分扣 5 分	
		5	放样方法选择合适,依据合理	方法不妥扣 5 分	
		30	放样数据计算正确,数字取值精度符合要求	每错误或少算一处扣 1 分	
		10	放样简略绘制符合规范	每缺一项扣 1 分	
3	表格设计	25	体现的信息全面,简单明了,形式美观	无工程名称扣 2 分;无放样信息扣 4 分;无里程桩号扣 2 分;无桩点坐标扣 4 分;无检核坐标扣 4 分;无偏差扣 4 分;每少一个人员签字扣 2 分;无复核时间扣 2	
			总分		

8. 试题编号:T-4-8 建筑物定位放线复核测量

考核技能点编号:J-4-5

(1)任务描述

某建筑工地,已进行了建筑物的定位放线测量,请根据给定建筑总平面图、一层平面图、施工区控制点进行建筑物定位、放线的复核测量。(建筑总平面图、一层平面图、施工区控制点坐标考核时现场给)

(2)实施条件

表 2-204 T-4-8 实施条件

项目	基本实施条件	备注
场地	适合于图纸施工的现场	必备
资料	建筑总平面图、一层平面图、施工区控制点	必备
设备	全站仪、棱镜、对中杆、三脚架	
工具	50 m 钢尺、5 m 钢卷尺、锤子、木桩、龙门板、钉子若干	必备
测评专家	考评员须为测绘专业毕业,熟知工程测量规范,从事过导线测量工作 2 年以上的教师或一线技术人员	必备

(3)考试时量

3 人 1 小组,总时间 150 分钟。

(4)评价标准

表 2-205 T-4-8 评价标准

序号	检测项目	标准分 100	考核标准	评分标准	得分
1	职业素养	5	作业前仔细查看仪器、资料、设备并对仪器进行检查,方法正确,脚螺旋旋回至中间位置。做好工作前准备。	工作有序、检查到位得满分;检查或归位每漏掉一项(处)扣 1 分;扣完为止	
		5	任务完成后清点好材料、记录表格和辅助工具,不损坏辅助工具、资料及设施,有良好的环境保护意识。		
		10	严格遵守考场纪律,能正确处理好与监考老师的关系	扰乱考场纪律扣 1~5 分;不尊重监考老师扣 1~5 分	
2	定位放线	60	依据已知点采用全站仪进行坐标放样,仪器操作熟练,方法正确。	错一处,扣 5 分	
3	安全文明施工	10	不遵守安全操作规程、工完场不清或有事故本项无分。施工前准备、施工中正确使用仪器、完工后正确放置和维护仪器。	违反一处扣 1 分	
4	工效	10	不超过规定时间	每超过一分钟扣 1 分	
总分					

表 2-206　建筑物定位数据计算成果及定位检核表

点号	设计坐标		实放坐标		X 偏差 （mm）	Y 偏差 （mm）
	X(m)	Y(m)	X(m)	Y(m)		

测设人：　　　　　　检核人：　　　　　　　　年　月　日

表 2-207　建筑物施工放样轴线检核表

序号	轴线段	轴线间设计距离(m)	轴线间实放距离(m)	轴线距离偏差(mm)
1				
2				
3				
4				
5				
6				
7				
8				
9				
10				
11				
12				
13				
14				
15				
16				
17				
18				
19				
20				

备注：
　　外轮廓主轴线长度 L(m)：$L \leqslant 30$ 允许偏差 ± 5(mm)；$30 < L \leqslant 60$ 允许偏差 ± 10(mm)；$60 < L \leqslant 90$ 允许偏差 ± 15(mm)；$90 < L$ 允许偏差 ± 20(mm)。
　　细部轴线允许偏差 ± 2(mm)。

放样人：　　　　　　检核人：　　　　　　　年　月

9. 试题编号:T-4-9 建筑物放样复核检查

考核技能点编号:J-4-5

(1)任务描述

测区位于学院内部,具体区域见图 2-30。在测区附近有已知平面控制点 G01 和 G14,其坐标见表 2-208。

表 2-208 T-4-9 测点坐标

点名	X(m)	Y(m)	备注
G01	107 915.618	57 207.977	
G14	107 916.047	57 295.261	

根据《建筑总平面图》和表 2-209,同时根据 F81～F88 的坐标,已在实地标定建筑物的位置,请以监理的身份对其进行复核检查。

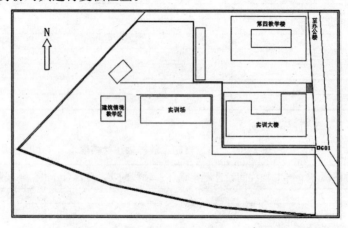

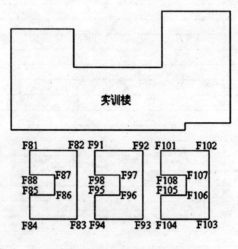

图 2-30 建筑总平面图(部分)

表 2-209 待建建筑物相关点位坐标一览表

点号	X(m)	Y(m)	点号	X(m)	Y(m)
F71	107 895.5	57 095	F91	107 900.5	57 150
F72	107 895.5	57 110	F92	107 900.5	57 165
F73	107 875.5	57 110	F93	107 880.5	57 165
F74	107 875.5	57 095	F94	107 880.5	57 150
F75	107 882.5	57 095	F95	107 887.5	57 150
F76	107 882.5	57 103	F96	107 887.5	57 158
F77	107 888.5	57 103	F97	107 893.5	57 158
F78	107 888.5	57 095	F98	107 893.5	57 150
F81	107 900.5	57 130	F101	107 900.5	57 170
F82	107 900.5	57 145	F102	107 900.5	57 185
F83	107 880.5	57 145	F103	107 880.5	57 185
F84	107 880.5	57 130	F104	107 880.5	57 170
F85	107 887.5	57 130	F105	107 887.5	57 170
F86	107 887.5	57 138	F106	107 887.5	57 178
F87	107 893.5	57 138	F107	107 893.5	57 178
F88	107 893.5	57 130	F108	107 893.5	57 170

(2)实施条件

同试题 T-4-8。

(3)考试时量

1 人(辅助人员 1 人),限时 120 分钟。

(4)评价标准

同试题 T-4-8。

10. 试题编号:T-4-10 建筑工地土方计算

考核技能点编号:J-4-3

(1)任务描述

为核算某工地的土方工程费用,场地周边有一已知高程点(现场给定其高程值),现有一区域将进行建筑施工,请对指定的区域进行实地量测,设计出合理的设计高程,并计算土石方量。

(2)实施条件

表 2-210 T-4-10 实施条件

项目	基本实施条件	备注
场地	有一定高差的自然场地	必备
资料	已知高程点成果	必备
仪器设备	光学经纬仪、标尺	必备
工具	50 m 皮尺、锤子、木桩、钉子若干、记录用夹板、稿纸等	必备
测评专家	考评员须为测绘专业毕业,2 年以上从事测量一线工作经验的技术人员或 2 年以上测量专业教学经验的测量课教师担任	必备

(3)考试时量

4人150分钟

(4)评价标准

同试题 T-3-11。

11. 试题编号：T-4-11　建筑物标高放样成果的查验

考核技能点编号：J-4-5

（1）任务描述

地内有一已知高程点（现场给定其高程值），现在区域内将有指定的另外三个位置需测设高程（数据现场给定），施工单位已进行了放样，请再次通过重新放样进行检验，以检核其放样的正确性。一人操作仪器指挥另外两人进行高程放样，在木桩上标定出设计高程位置，三个点每人放样一个点。

（2）实施条件

同试题 T-3-31。

（3）考试时量

3人为1小组，时间60分钟（每人20分钟）。

（4）评价标准

同试题 T-3-31。

12. 试题编号：T-4-12　建筑物平面位置放样成果的查验

考核技能点编号：J-4-5

（1）任务描述

场地内有已知平面点3个（现场给定其坐标值），现在某区域内设计有矩形房屋一栋（图纸现场给定），放工单位已用经纬仪放样了位置，请再次用全站仪进行放样以检查其放样的准确性。4人共同完成4个房屋角点的放样工作，每人放样一个点，用木桩和钉子标定出设计位置。

（2）实施条件

表 2-211　T-4-12 实施条件

项目	基本实施条件	备注
场地	基本无障碍的丘陵地	必备
资料	场地内或周边有平面控制点三个，坐标现场给定	必备
仪器设备	光学经纬仪、皮尺、脚架	必备
工具及其他	锤子、木桩、计算器、记录用夹板等	必备
测评专家	考评员须为测绘专业毕业，至少2年以上从事建筑施工测量一线工作经验的技术人员或2年以上工程测量技术专业教学经验的测量课教师担任	必备

（3）考试时量

3人为1小组，90分钟（每人20分钟，检查10分钟）。

（4）评价标准

表 2-212　T-4-12 评价标准

序号	检测项目	标准分 100	考核标准	评分标准	得分
1	职业素养	5	作业前仔细检查仪器和辅助工具工作是否正常,材料是否齐全,做好工作前准备	工作有序、检查到位得满分;检查或归位每漏掉一项(处)扣 1 分;扣完为止	
		5	任务完成后将清点好材料、记录表格和辅助工具,不损坏辅助工具、资料及设施,有良好的环境保护意识。		
		10	严格遵守考场纪律,能正确处理好与监考老师的关系	扰乱考场纪律扣 1~5 分;不尊重监考老师扣 1~5 分	
2	职业技能	10	制定测量方案合理,符合工程测量规范要求	一项不合理扣 1 分	
		35	依据控制点采用经纬仪进行放样,仪器操作熟练、方法正确。(仪器操作评分标准见附表)	放样一个点扣 5 分	
		20	每放出一个点观测其坐标与计算值进行比较,偏差应在 1 cm 范围内	不满足精度要求一个点扣 4 分	
		5	不遵守安全操作规程、工完场不清或有事故本项无分。施工前准备、施工中工具正确使用,完工后正确维护	一项不符合要求扣 5 分	
		10	按完成时间给分	在规定时间未完成扣 10 分	
总分					

13. 试题编号:T-4-13　施工测量放线数据的审查(极坐标法)

考核技能点编号:J-4-2

(1)任务描述

场地内有已知平面控制点两个(现场给定其坐标值),现在某建筑房屋门前计划修一条直线道路(图纸现场给定),请依已知点坐标和设计坐标按极坐标放样方法,计算出放样数据,编写放样方案。

(2)实施条件

同试题 T-3-13。

(3)考试时量

1 人独立完成,时间 60 分钟。

(4)评价标准

表 2-213　T-4-13 评价标准

序号	检测项目	标准分 100	考核标准	评分标准	得分
1	职业素养	5	作业前仔细检查图纸和辅助工具工作是否正常,材料是否齐全,做好工作前准备	工作有序、检查到位得满分;检查或归位每漏掉一项(处)扣 1 分;扣完为止	
		5	任务完成后将清点好材料、记录表格和辅助工具,不损坏辅助工具、资料及设施,有良好的环境保护意识		
		10	严格遵守考场纪律,能正确处理好与监考老师的关系	扰乱考场纪律扣 1~5 分;不尊重监考老师扣 1~5 分	
2	操作技能	10	能判定图纸,正确判定其位置关系	错一处扣 5 分	
		30	方案全面而表达清楚	漏一项扣 8 分,字迹不清的视为错识	
		40	放样数据计算正确	错一处扣 2 分	
			总分		

14. 试题编号：T-4-14　施工测量放线数据的审查(直角坐标法)

考核技能点编号：J-4-2

(1)任务描述

场地内有已知平面控制点 2 个(现场给定其坐标值),现在某建筑房屋门前计划修一条直线道路(图纸现场给定),请依已知点坐标和设计坐标用直角坐标放样方法,计算出放样数据,编写放样方案。

(2)实施条件

同试题 T-3-13。

(3)考试时量

1 人独立完成,时间 60 分钟。

(4)评价标准

同试题 T-4-13。

15. 试题编号：T-4-15　标高计算与土石方工程量复核

考核技能点编号：J-4-3、J-4-4

(1)任务描述

某单位新征一块土地,期望在此土地上新建一栋办公大楼,请根据图纸(现场提供)的红线范围计算地坪±0 的绝对高程,并计算该场地的填方和挖方的土石方量,使得工程量最省。

(2)实施条件

表 2-214   T-4-15 实施条件

项目	基本实施条件	备注
场地	工作台	必备
资料	图纸	必备
工具及其他	直尺、计算器、稿纸等	必备
测评专家	考评员须为测绘专业毕业,2 年以上从事建筑施工测量一线工作经验的技术人员或 2 年以上工程测量技术专业教学经验的测量课教师担任	必备

(3)考试时量

1 人独立完成,时间 60 分钟。

(4)评价标准

表 2-215   T-4-15 评价标准

序号	检测项目	标准分 100	考核标准	评分标准	得分
1	检测前的准备	5	清理、检查给定的资料、工具是否齐全,检查仪器是否正常,做好工作前准备	每漏掉一项(处)扣 1 分;扣完为止	
2	安全文明施工	5	不遵守安全操作规程、工完场不清或有事故本项无分。施工前准备、施工中工具正确使用中,完工后正确维护		
3	操作的规范性	20	严格遵守考场纪律,不浪费材料和损坏考试仪器及设施。任务完成后,整齐摆放测量仪器、图纸、工具书、记录工具、凳子,整理工作台面等,有良好的安全意识和环境保护意识	扰乱考场纪律扣 1~5 分;不尊重监考老师扣 1~5 分。仪器操作按执行附件中扣分标准	
4	方格网标定	10	方格标定正确	错一处扣 1 分	
5	高程测量	20	各方格网点高程测定正确	错一处扣 2 分	
6	土石方计算	20	计算方法正确、数据准确	错一处扣 2 分	
7	检核	10	满足工程测量规范要求	不满足要求扣 10 分	
8	工效	10	按完成时间给分	规定时间内未完成得 0 分,规定时间内完成得 6 分,规定时间的 60%内完成得 10 分	
			总分		

16. 试题编号:T-4-16   高程引测方案的设计

考核技能点编号:J-4-1、J-4-2

(1)任务描述

某单位新征一块土地(图纸现场地),期望在此土地上新建一栋办公大楼,现要设计地坪 ±0 的绝对高程并估算该场地的填方和挖方的土石方量,但场地内及周围没有已知高程点可用,但距场地约 300 m 范围内有四等水准点 1 个,请编写高程引测方案。

(2)实施条件

表 2-216 T-4-16 实施条件

项目	基本实施条件	备注
场地	工作台	必备
工具	铅笔(自带)、计算器、记录夹板	必备
测评专家	考评员须为测绘专业毕业,有 2 年以上工程测量工作经验的教师或一线技术人员	必备

(3)考试时量

1 人独立完成,限时 30 分钟。

(4)评价标准

表 2-217 T-4-16 评价标准

序号	检测项目	标准分 100	考核标准	评分标准	得分
1	职业素养	20	严格遵守考场纪律,能正确处理好与监考老师的关系	扰乱考场纪律扣 1~5 分;不尊重监考老师扣 1~5 分	
2	操作规范	30	条理清晰、书写清晰工整	每错漏一处扣 5 分	
3	方案的正确性	50	等级设定合理、限差要求正确而全面	等级不合理扣 8 分;各限差每项扣 7 分	
总分					

17. 试题编号:T-4-17 桩基工程的桩位验收

考核技能点编号:J-4-4、J-4-5

(1)任务描述

某高层框架剪力墙结构建筑,地下 2 层,地上 20 层,由于地质条件不太理想,所有柱及墙底均设计有灌注桩加承台基础,灌注桩设计直径 $D=800$ mm,桩基平面布置图在现场抽签选定。桩基础施工已经结束,请根据现场条件利用全站仪和控制点测定 3-E 轴交汇处桩位的偏差,判断偏差是否满足验收规范要求,并说明理由。

(2)实施条件

表 2-218 T-4-17 实施条件

项目	基本实施条件	备注
场地	现场布设控制点 2 个	必备
资料	总平面图,桩基平面布置图	必备
设备	全站仪、棱镜、木桩、钉子、锤子、3m 小钢尺	必备
工具	笔(自带)	必备
测评专家	考评员须为测绘专业毕业,熟知《建筑地基基础工程施工质量验收规范》,从事过工程测量工作 2 年以上的教师或一线技术人员	必备

(3)考试时量

30 分钟。2 人共同完成。

（4）评价标准

表 2-219 T-4-17 评价标准

序号	检测项目	标准分 100	考核标准	评分标准	得分
1	职业素养	5	作业前仔细检查所需的仪器、脚架和辅助工具工作是否正常，工具书、材料、记录表格是否齐全，明确小组分工，做好工作前准备	每漏掉一项（处）扣1分	
		5	任务完成后将仪器正确装箱、收脚架，清点好工具书、材料、记录表格和辅助工具，不损坏考试仪器、脚架、辅助工具、资料及设施，有良好的环境保护意识	每漏掉一项（处）扣1分	
		10	严格遵守考场纪律，能正确处理好与监考老师的关系	扰乱考场纪律扣1～5分；不尊重监考老师扣1～5分	
2	操作规范	10	按操作规程安置全站仪（对中误差≤2 mm，整平误差≤1格），仪器高度和脚架跨度适中； 根据考核试题正确设置全站仪参数（角度单位、距离单位、温度和气压等）； 测站观测完成后，及时将仪器的脚螺旋和微动螺旋旋转至中间位置，然后再装箱上锁，收好脚架	仪器取出后未关仪器箱扣0.5分； 连接仪器不规范扣0.5分； 仪器高度或脚架跨度不合适扣0.5分； 对中误差为2～3 mm扣1分，大于3 mm扣2分； 整平误差（气泡中心偏离）为1～2格扣1分，大于2格扣2分。 仪器参数设置错误，每一项扣0.5分； 仪器装箱时脚螺旋和微动螺旋未旋转至中间位置扣0.5分，仪器箱未上锁扣0.5分，脚架未收好扣0.5分	
		10	正确设置全站仪测角模式（水平角RL）和测距模式（水平距离、精测模式），观测操作规范，照准目标果断	测角模式设置错误扣1分； 角度观测顺序（先盘左，后盘右）错误，每出现一次扣0.5分； 仪器旋转（上半测回顺时针旋转，下半测回逆时针旋转）错误，每出现一次扣0.5分； 照准目标不精确扣1分（抽查）； 读数时犹豫或反复的，每出现一次扣0.5分； 未确认记录回报的，每出现一次扣0.5分； 测距模式设置错误扣1分	

续表

序号	检测项目	标准分100	考核标准	评分标准	得分
2	操作规范	10	手簿记录完整,划改规范,记录字迹工整	手簿首页表头信息填写不全的,每缺一处扣1分; 连环更改、就字改字、涂改或字迹模糊影响识读的,每出现一次扣1分; 划改后不在备注栏内注明原因的,每一处扣0.5分; 更改水平角观测数据的分和秒值、距离测量观测数据的厘米和毫米值,每一处扣2分; 记录转抄每出现一次扣2分; 用橡皮擦手簿或用刀片刮手簿,每出现一次扣3分	
3	桩位中心坐标计算	20	坐标计算准确	计算错误扣20分	
4	桩位中心实测坐标	15	方法合理,桩位中心实测坐标正确	方法错误扣15分;坐标错误扣10分	
5	判断桩位是否合格	15	判断正确,理由充分	判断错误扣5分;理由不充分扣1~10分	
总分					

18. 试题编号:T-4-18 道路中线桩复核

考核技能点编号:J-4-4、J-4-5

(1)任务描述

现场给定道路中线测设资料,利用全站仪和控制点坐标在指定的场地对已放样的中线桩进行复核检查并完成相关表格的记录。(道路中线测设资料见附件)

(2)实施条件

表 2-220 T-4-18 实施条件

项目	基本实施条件	备注
场地	现场布设控制点 2 个	必备
资料	道路中桩测设资料	必备
设备	全站仪、棱镜、木桩、钉子、锤子、3 m 小钢尺	必备
工具	笔(自带)	必备
测评专家	考评员须为测绘专业毕业,熟知道路勘测规范,从事过道路工程测量工作 2 年以上的教师或一线技术人员	必备

表 2-221　已知点坐标

点号	坐标		
	X(m)	Y(m)	
A	23 124.307	62 385.642	
B	23 174.307	62 385.642	
K4+380	23 143.124	62 402.247	
K4+500	23 143.124	62 522.247	

表 2-222　里程桩定位数据计算成果及定位检核表

点号	里程桩号	设计坐标		实放坐标		X 偏差 (mm)	Y 偏差 (mm)
		X(m)	Y(m)	X(m)	Y(m)		
1	K4+390						
2	K4+400						
3	K4+410						
4	K4+420						
5	K4+430						
6	K4+440						

表 2-223　里程桩中心距检核表

序号	中心距	设计中心距(m)	实放中心距(m)	中心距偏差(mm)
1				
2				
3				
4				
5				
6				
7				
8				

（3）考试时量

120 分钟。2 人共同完成。

（4）评价标准

表 2-224　T-4-18 评价标准

序号	检测项目	标准分	考核标准	评分标准	得分
1	职业素养	5	作业前仔细检查全站仪和辅助工具工作是否正常，材料是否齐全，做好工作前准备	工作有序、检查到位得满分；检查或归位每漏掉一项（处）扣 1 分；扣完为止	
		5	任务完成后将清点好材料、记录表格和辅助工具，不损坏辅助工具、资料及设施，有良好的环境保护意识		
		10	严格遵守考场纪律，能正确处理好与监考老师的关系	扰乱考场纪律扣 1~5 分；不尊重监考老师扣 1~5 分	

续表

序号	检测项目	标准分	考核标准	评分标准	得分
2	职业技能	10	制定测量方案合理,符合工程测量规范要求	一项不合理扣1分	
		30	依据控制点采用全站仪进行坐标放样,仪器操作熟练、方法正确	仪器操作评分标准见附件	
		30	每放出一个点观测其坐标与计算值进行比较,偏差应在3 cm范围内; 观测完成后重新瞄准后视点测量出后视点坐标与已知值进行比较,偏差应在1 cm范围内; 使用皮尺量取两桩中心间距与计算值进行比较,偏差控制5 cm方位内	不满足精度要求一个点扣4分	
		5	不遵守安全操作规程、工作完工不清场或有事故本项无分。施工前准备、施工中工具正确使用,完工后正确维护	一项不符合要求扣5分	
		5	按规定时间完成	在规定时间未完成扣10分	
总分					

19. 试题编号:T-4-19　公路放样元素计算

考核技能点编号:J-4-4

(1)任务描述

某条公路穿越山谷处采用圆曲线,设计半径 $R=600$ m,转向角 $\alpha_{右}=11°20'$,曲线转折点 JD 的里程为 K11+290。当采用桩距 10 m 的整桩号时,求主点及各桩点坐标。

(2)实施条件

同试题 T-3-15。

(3)考试时量

30 分钟。1 人独立完成。

(4)评价标准

同试题 T-3-15。

20. 试题编号:T-4-20　公路放样元素计算

考核技能点编号:J-4-4

(1)任务描述

某综合曲线为两端附有等长缓和曲线的圆曲线,JD 的转向角为 $\alpha_{左}=40°30'$,圆曲线半径为 $R=600$ m,缓和曲线长 $l_0=120$ m,整桩间距 $l=20$ m,JD 桩号为 K50+510.57。求主点及各桩点数据。

(2)实施条件

同试题 T-3-15。

(3)考试时量

30 分钟。1 人独立完成。

(4)评价标准

同试题 T-3-15。

后　记

　　为完善职业院校人才培养水平和专业建设水平分级评价制度,全面提升我省高职院校人才培养水平,根据湖南省教育厅《关于职业院校学生专业技能抽查考试标准开发项目申报工作的通知》(湘教通〔2010〕238号)中"科学性、发展性、可操作性、规范性"要求,我们编著了《工程测量技术》一书。

　　标准与题库开发前期,参加编著的全体人员深入相关行业、企业和学校调研,详细了解了各学校工程测量技术(540601)和工程测量监理(540602)专业的培养定位、岗位面向、实习实训条件,认真分析了毕业生就业的四个主要岗位(测图员、控制测量员、工程施工测量员和工程测量监理员)的岗位职业能力和职业素养的要求,历经标准起草、意见征询、论证修改、题库开发、试题测试等环节和过程,最终确定了控制测量、地形地籍测绘、工程测量、工程测量监理等四个技能模块,共44个技能要点。其中控制测量和地形地籍测绘等两个模块为工程测量技术和工程测量监理专业两个专业必须掌握的公共模块;工程测量模块各学校可根据自己的办学背景选择其中的两个项目;工程测量监理模块为工程测量监理专业必须掌握的技能模块。

　　标准与题库的开发以任务(项目)为载体,以现行的《工程测量规范》、《城市测量规范》、《全球定位系统(GPS)测量规范》、《全球定位系统实时动态测量(RTK)技术规范》、《国家基本比例尺地图图式 第1部分:1∶500 1∶1 000 1∶2 000 地形图图式》等国家标准和行业标准为依据,明确了各抽测项目的技能要求,以现代测绘、工程施工和工程监理企业现场生产管理规范为依据,明确了各抽测项目的素养要求,设计了相应的评价标准。技能抽测结果的评价既关注学生的操作技能,又关注学生的职业素养和操作规范性。以抽查标准为依据,建成了199道题的专业技能抽查题库。

　　主要参与抽查标准与题库编著的有:湖南工程职业技术学院喻艳梅、唐保华、向继平、张冬菊、袁江红、陶红星、王怀球、左美蓉、彭华、袁淑君,湖南省地质测绘院史与正、王小云,湖南安全职业技术学院邓桂凤,湖南理工职业技术学院刘石磊,湖南有色金属职业技术学院徐龙辉,湖南水利水电职业技术学院刘天林,湖南交通职业技术学院孙晓亚,长沙市天心区市政工程管理局张教权。在本书编著过程中,还得到了上述学校其他专业教师和企业专业技术人员的协助和指导帮助,以及湖南省教育厅王键副厅长、教育厅职成处、湖南人学出版社、省教科院职成所领导的精心指导,在此一并表示衷心的感谢!

　　由于水平有限,水中存在的疏漏和不足之处在所难免,热忱期待专家、读者批评指正。

编　者

2015 年 5 月